Deepen Your Mind

Deepen Your Mind

序 言

筆者在大學院校已任教超過 25 年,回顧一路走來的學術生涯,教學與學習的環境與方法就從未停止變化過。尤其近幾年,更是發生了翻天地覆的改變,其中最大的衝擊,就是網際網路的無所不在。網路上,文字、圖片、影音等等類型的學習資源根本就是取之不盡。

藉由 Google 搜尋,任何人在瞬間就得到海量的學習資源。「Google 什麼都有」的時代,那麼再寫知識類的教科書還有必要嗎?

即使 Google 什麼都有,但對學習者來說,Google 就像一座知識迷霧森林,如果沒有可以指示方向的羅盤,很容易就會迷失,以致花許多時間卻無法獲得完整架構的知識。網路上有海量學習資源的時代,學習者要具備建構自我學習路徑的關鍵能力。要具備此一關鍵能力,藉由一本由淺入深、架構清楚的入門書是最有效的方法。這個理念是筆者編寫入門教科書的初衷。

物聯網的核心觀念是偵測場域的狀態,然後將數據傳送到後端資料中心進行分析,最後再根據分析結果做決策或進行回饋控制。這樣的 IoT 架構幾乎可以套用在所有領域,「智能農業」、「智慧城市」、「智能工廠」、「智慧建築」、「智能交通」、「智慧照護」等應用皆可以看到物聯網的身影。

據調研機構的調查報告指出,企業在導入物聯網應用時,最大的疑慮是資訊安全的議題。光物聯網領域就已有許多艱澀的技術,若再加上資訊安全領域,技術涵蓋面就更廣泛了。要編寫一本入門程度的「物聯網與資安」教科書,的確有其難度存在。

　　本書「物聯網資安入門實務」係根據作者多年教授「物聯網」與「資訊安全」相關課程的經驗編著而成。本書首先提出一個物聯網系統的參考架構，基於此一架構可以繪出某特定場域的物聯網應用系統的組成元件。資安威脅與防護則使用改良式資料流程圖進行分析。尤其「物」與「物」之網路協定與溝通介面的資安脆弱點更是本書討論的重點。書中有穿插一些簡單的操作案例，照著操作，對入門的讀者，能夠建立核心觀念。

　　相信透過本書極具結構化的講解方式，學習者可以學到進入 Google 知識寶庫殿堂的物聯網與資安之入門知識。

目 錄

第四章　資訊安全技術

第五章　IoT 資安威脅分析

第六章　資安威脅的風險管理觀點

第一章

物聯網概論

1.1　何謂物聯網

　　物聯網是三個英文字，「Internet of Things」的翻譯，簡記為 IoT。自從國際電信聯盟（ITU，International Tele-communication Union）在 2005 年以物聯網為名提出《ITU 網際網路報告書；物聯網》之後，物聯網就一躍成為全球矚目的焦點。

　　何謂物聯網？不同領域的專家與使用者有不同的看法，文獻 [1] 中就列舉出不同研究者的不同觀點。依據紐西蘭學者，Mukhopadhyay 的說法，物聯網的概念是在 1999 年由美國 MIT Auto-ID 中心首先提出。其概念是運用無線射頻辨識技術（RFID,Radio Frequency IDentification）與無線感測網路技術，讓物件的編號與數據能傳送到網際網路上的服務器 (Server)，以便追蹤與管理。有些研究者認為物聯網是透過資訊感測設備，例如 RFID、紅外線感應器、全球定位系統等，將物件與網際網路聯繫起來，實現智慧識別、定位、追蹤、監控、以及管理的一種網路。亦有研究者認為物聯網的運作模式乃是將所有物件藉由數據傳輸設備與網際網路連接，進一步提供智慧識別與管理，在技術上則整合了 RFID、紅外線感應器、全球定位系統、雷射掃描器等裝置，及藉由 ZigBee、UWB、Wi-Fi、Bluetooth、3G、4G 等通訊技術連結網際網路，如此可使各種物件在生產、流通、消費等過程中得以實現自動識別和資訊互聯共享 [1]。

　　文獻 [2] 對物聯網的看法是：「物聯網是透過各種資訊傳感設備（sensors）即時感知物理世界的狀態，並傳輸至網際網路以實現智慧化識別、定位、跟蹤、監控和管理。如果用人體來形容，物聯網的每一個端點就像是神經末梢，持續將感應的訊息透過神經網絡匯流到神經中樞，在大腦進行分析、判斷，最後再決定最佳的回應方式。物聯網資訊傳導過程具

有類似反射神經般的作用，能夠在資訊傳輸閘道就即時回應，以快速反應環境變動、減輕網路傳輸與後端服務器運算的負擔。」

物聯網的運作概念是「全面感知——緊密串聯——智慧回應」[2]，配合雲端運算、人工智慧、感測器、網路通訊的技術發展，IoT 的這種運作模式將能夠協助許許多多的產業與領域進行數位轉型，包括電力網路、水資源管理、醫療照護、食品系統、城市管理、運輸系統、供應鏈等等。如此一來，就衍生了許多目不暇給的新名詞，例如智慧交通、智慧城市、智慧農業 ...，如圖 1-1 所示：

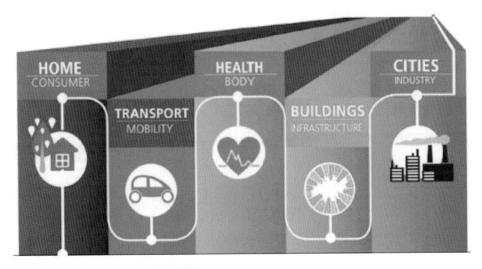

圖 1-1 IoT 涵蓋的應用領域

(改繪自 https://www.postscapes.com/what-exactly-is-the-internet-of-things-infographic/)

理解物聯網最好的方式就是從架構上了解。物聯網的數據或訊息傳輸有兩個方向，一個是從感測器端將感測到的數據經由資料閘道器送至雲服務平台處理並進行分析後提供給監測端的使用者。如以下兩圖所示：

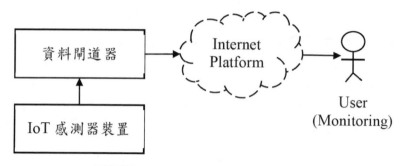

圖 1-2　IoT 之感測數據上傳與監測

另一個方向是由控制端的使用者發出命令，經由雲服務平台再藉由控制閘道器對致動器 (Actuators) 下達控制命令。

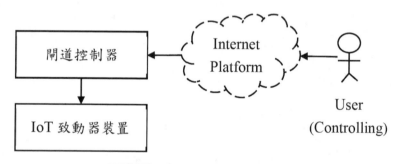

圖 1-3　IoT 之命令下傳與控制

舉一個智慧農業的一個應用為例，使用感測器監測農場的天氣、環境以及植物生長狀況，傳送至雲端服務器後進行分析處理、決策，然後據以控制農場的灌溉系統。類似這種感測、分析、決策或控制的模式幾乎可以套用到任何領域，也就是說 IoT 可以發揮的創意應用可以說是無窮無盡的。

人們對物聯網的看法真的是眾說紛紜，連 IoT 架構的呈現方式都有很大的不同。若是到 Google 搜尋 " 物聯網架構 "，最常見的一種是所謂的三層架構，分別是感知層 (Sensing)、網路層 (Network) 以及應用層 (Application)。如下圖所示，

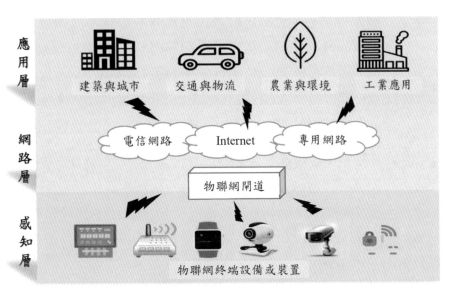

圖 1-4 物聯網三層架構

三層架構中的每一層應該包含那些裝置或設備,也是眾說紛紜。另外,也還有其他的表達方式,只是各層稱呼不同,如下圖就是在網路上找得到的例子。

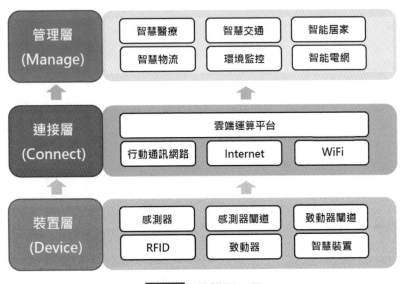

圖 1-5 物聯網三層

除了三層架構之外，也有研究者以更複雜的服務導向架構 (Service-Oriented Architecture) 的四層結構來呈現物聯網，文獻 [27] 就分成感測層 (Sensing layer)、網路層 (Network layer)、服務層 (Service layer) 以及介面層 (Interface layer)，如下表即為服務導向架構下的 IoT 的四層架構的重點說明。

表 1-1 IoT 四層架構的說明

階層名稱	說明
感測層 (Sensing layer)	此層主要是硬體裝置，例如 RFID、感測器、致動器 (Actuator) 搭配微控制器 (MCU) 以便可以感測外界狀態或控制外界物件。
網路層 (Network layer)	此層提供基本網路連線能力以便進行資料傳送，可以是無線或有線網路。
服務層 (Service layer)	此層建立管理及提供服務，以滿足使用者的需求。
介面層 (Interface layer)	此層提供其他應用程式與 IoT 系統的介接方式，以及做為與使用者介接的 GUI 前端。

SOA 四層架構如下圖所示。

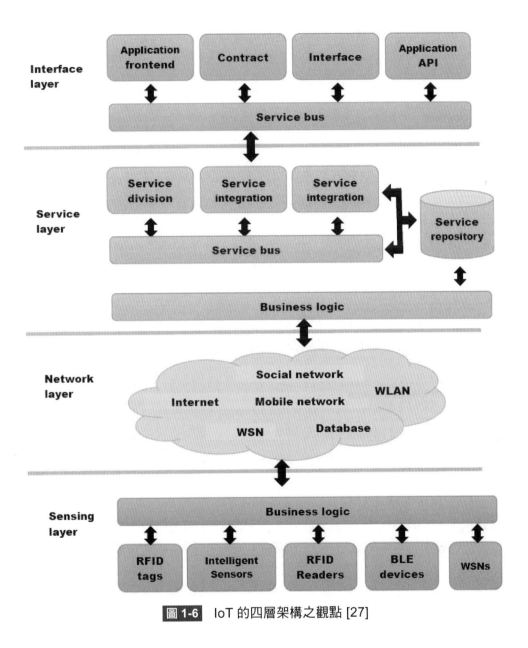

圖 1-6 IoT 的四層架構之觀點 [27]

　　上圖的感測層中的 RFID 標籤 (RFID tags) 是代表可識別的概念。由於 IoT 技術的發展，愈來愈多的裝置互連在一起，因此互傳訊息變得愈來愈容

易。如何彼此識別以便確定資料來源就變得重要。許多硬體裝置，例如手機都有 UUID(Universally Unique Identifier)，可做為唯一識別源。當然還有其他可被識別的方式，例如 IP 位址，GPS 座標等。我們可以這麼說，「物」可被識別在許多 IoT 的應用上都是關鍵所在。

網路層要考慮的議題非常多，包括異質網路管理技術、網路設備能源效益、QoS、資料與訊號處理之運算能力，當然也包括網路安全與隱私，這些議題大都與網路基礎設施相關。

服務層應該是最複雜的，在 IoT 領域，許多元件、設備、裝置都由不同的製造商所製造，互通的協定與標準都不盡相同，服務層必須克服這些困難，UPnP(Universal Plug and Play) 是最近很受重視的發展，UPnP 定義了一個共通的協定可以促進由各種智慧物件的互通。服務層還需負責處理及儲存所收到的數據，整合提供服務，這有利於 IoT 的發展。

介面層提供功能以便其他系統或軟體能無縫式 (seamlessly) 的整合 IoT 的服務於自己的應用中。一種常用的方式是提供服務 API(Service API) 及協定以支持開發者建置其自己場域的服務及應用。另外，當使用者使用 IoT 服務系統時則需要考慮 UI/UX(User Interface/User Experience) 的議題。

許多調研機構，針對 IoT 的發展都做了一些預測。下圖是德國 Statista 公司預測 2019 至 2030 年 IoT 收益的比較圖。從數據可以看出，IoT 的應用確實正在蓬勃發展當中，因為其全球收益呈現逐年增加的趨勢。

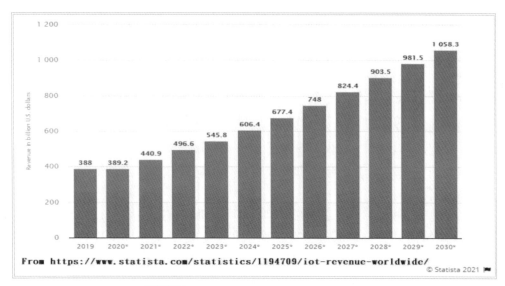

圖 1-7 Statista 公司預測的 IoT 收益

1.2 物聯網應用例

　　IoT、AI、5G 可以說是未來帶動各領域及各產業數位轉型的關鍵技術，只要到 Google 搜尋引擎以這些關鍵字進行搜尋，就可以找到幾十萬甚至百萬的網路文章、報導與論文。AI 可以視為 IoT 的資料分析技術裡的高階技術，而 5G 則可以視為 IoT 的網路通訊技術。IoT 是電子、資訊、資料分析與網路通訊技術的整合，具有彈性組合的特性，幾乎在所有領域所有產業都能有其發揮空間與應用的潛力。

　　舉運輸與物流 [3] 為例，與大多數產業一樣，運輸和物流（T＆L）當前正面臨數位轉型的壓力。主要來自兩方面，一是數位化新技術，例如 IoT、AI、5G 的驅動，二是隨新技術而來的客戶新期望的驅動。客戶期待新技術可以提高作業效率和促使協作式經營新模式的興起。

　　物流產業可以說與物聯網是天作之合，物流產業的數位轉型聚焦在全面感知與智慧決策，而這正是物聯網（IoT）的本質 [4]。那如何將 IoT 導入到物流產業？如果我們以流程分析法詳細拆解物流的作業流程之後，可以發現到，其作業流程都會包含物件與位置的辨識與處理，以及資訊的流通與共享，這剛好是物聯網的強處。物聯網強調感知後回報數據，因此可以針對物件的狀態，例如位置、溫度、濕度、是否被開啟、是否被重摔…等等進行感測後回報，讓管理人員與利害關係人可以知道最新狀態並進行決策。

　　倉庫、工廠、貨物、賣場、交運運輸的各式感測器的資料或資訊藉由通訊技術傳輸至雲端伺服端進行綜合處理。如此一來，物流供應鏈的各個參與者藉由物聯網及雲服務平台的訊息整合服務，可以提高內部和外包過程的可見度，藉此物流供應鏈的業者除了有機會優化流程並增加客戶滿意度之外，也可以節省成本。

　　文獻 [5][6][7][8] 討論了物流產業的物聯網應用。文獻 [8] 中首先討論 RFID，網際網路服務，中間軟體元件等物聯網支持技術。之後再論述藉由實施智能物流管理資訊系統，企業可以就整個生產過程中做充足的物流規劃、提高物流管理的品質、優化物流流程設計和控制物流運作以及優化生產活動。智能物流資訊管理系統整合了網際網路，資料庫，資訊安全，中間軟體元件，工作流程，以及物聯網等眾多技術等，其中尤以 IoT 技術為主要核心。

　　文獻 [5] 則討論物聯網對物流產業的影響。論文中提到："物聯網有望為物流運營商帶來深遠的收益，並以更好的效率與品質服務他們的商業客戶和最終消費者。所帶來的益處涵蓋整個物流價值鏈，包括倉儲運營，貨運和最後一哩的交付。影響層面包括運營效率，安全性，客戶體驗和新的模式。借助物聯網，物流產業有機會可以開始解決棘手的運營和業務問題。文獻[5]以下圖表達 IoT 賦能物流產業的幾個面向：(1) 可以監督 (Monitoring)

資產的狀態，包括價值鏈中的包裹和人員，(2) 可以衡量 (Measure) 資產的績效，(3) 可以決策下一步要做什麼，(4) 可以使業務流程自動化 (Automating) 以消除人工干預，並提高品質量和可預測性，並降低成本；(5) 可以優化 (Optimiging) 人員，系統和資產的協同工作並協調業務活動，(6) 可以將數據收集與分析應用於整個價值鏈，以尋找改進機會和最佳方法實踐，並持續學習與改進 (Learning) "。

圖 1-8 IoT 可賦能的幾個面向 [5]

文獻 [5] 也分析了 IoT 賦能物流產業的關鍵成功因素，論文首先描述了物流產業的複雜性：「物流通常是低利潤且碎片化的產業 (low-margin and fragmented industry)，特別是在運輸過程中數以千計的不同供應商具有不同

的運營標準，有些是本地，國內的，有些是國際的。」另外，物流的網路化業務模式的特性，在導入 IoT 解決方案時，就必須進行整個運作鏈的調整，這意味著必須投入相當的投資。為了達到投資效益，有必要了解應用物聯網於物流的關鍵成功因素。

文獻中列舉了以下幾點關鍵成功因素：

(1) 在全球規模下，物流產業的各種型態的資產要能以清晰與標準化的方式使用唯一識別碼。

(2) 在異質的環境中，感測器之間的訊息能無縫的交互運作。

(3) 在 IoT 賦能的供應鏈中，必須建立對資料以及系統的信任並能克服隱私的疑慮。

(4) 要有一個能清晰聚焦的 IoT 參考模型。

(5) 要改變商業心態以擁抱 IoT 的全新應用潛力。

上述的第 (3) 點直接與資訊安全有關，第 (1)、(2)、(4) 點則與資訊安全間接相關。而談到第 (5) 點，有一些業者會因資安疑慮而延緩了導入的步伐。由此可見，資訊安全對 IoT 應用系統的重要性。

1.3　IoT 資訊安全概論

隨著物聯網帶來的便利與效益，若對物聯網的資安風險未能嚴謹看待，可能會有嚴重後果。為了方便討論，首先將駭客的攻擊動機、過程階段，以及目標呈現如下圖。

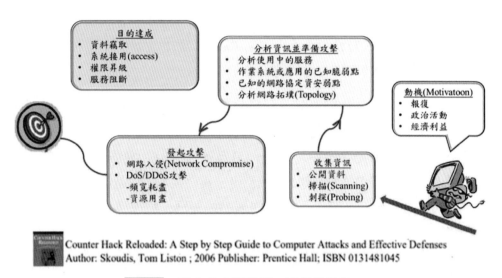

Counter Hack Reloaded: A Step by Step Guide to Computer Attacks and Effective Defenses
Author: Skoudis, Tom Liston ; 2006 Publisher: Prentice Hall; ISBN 0131481045

圖 1-9 駭客的攻擊動機、過程及目的 [28]

談到駭客，其實包括黑客 (Cracker) 與駭客 (Hacker)，原本駭客 (Hacker) 與黑客 (Cracker) 是有差別的，但積非成是，就都統稱駭客了。Cracker(黑客) 是在沒有獲授權的情況下接用系統，包括電腦與網路系統。他們通常是不懷好意的，並具有以下特徵：

(1) 黑客注重於入侵、破壞與偷取資料。

(2) 網路上流傳著不少 Crack 程式 (常被誤稱為 "駭客軟體")，都是被黑客們惡意釋出，目的是擾亂網路上的秩序。

大眾媒體所指的駭客其實就是指這些擁有高階系統及網路知識與技術的黑客。

Hacker(駭客) 是指個人對電腦系統，網路技術有深刻的了解，並具有以下的特徵：

(1) 不會故意毀壞他人主機中的資料。

(2) 駭客入侵電腦的目的，只為證實防護安全上的漏洞確實存在。且在入侵之後，有是還會寄出一封 Email 給該網站擁有最高權限的管理者，告知管理者該漏洞的所在。

黑客 (Hacker) 為什麼要駭入企業的系統？以下是幾個可能的原因，包括 (1) 想進行勒索。(2) 想貶低企業的評價 (例如：來自競爭對手)。(3) 展現他們的能耐。(4) 讓企業股票下跌。(5) 政治目的：對國家經濟造成損失。有一家名為 Muddy Waters(渾水) 的公司，其背後是避險基金，此公司會嘗試使用駭客手法發現一些公司系統的弱點或漏洞，然後公諸於世，並進行股票做空的操作。

潛在資安威脅的例子，我們以 IP Cam 做為例子。在現實生活，在家裡安裝網路攝影機 (IP Cam) 已經是很平常的事情。為了方便記憶與管理，人們通常僅使用簡單容易記住或內建的密碼，那麼家中的攝影機就有可能被駭客透過掃描工具找到並且輕易地入侵，甚至進一步偷看所拍攝的影像，這是一不留神就會遇到的資安風險，並且極有可能發生在任何人身上。不止攝影機，只要是能夠連上網路的裝置，都有可能暴露在被入侵以及被攻擊的風險之中。

Shodan 物聯網搜尋引擎號稱是物聯網界的 Google，專門用來掃描 IP 與通訊埠，既是駭客工具，也是資安利器。運用 Shodan 搜尋引擎，連接到網際網路的 IoT 設備就有可能被搜尋到並在網頁上一目了然地呈現，即使散布在世界各角落的 IoT 設備也不例外。從另一方面來看，藉由 Shodan 也能夠幫助組織檢視本身物聯網設備的安全性是否足夠，以及目前有多少設備暴露在資安風險之下。若能藉此找出安全性不足的設備並及時地處理，就能降低遭受攻擊或入侵的機會，讓 IoT 設備更加安全。

有別於 Google 搜尋引擎，Shodan 的搜尋目標是連上網路的物聯網設備，包含電腦、交換器、網路攝影機，甚至於工業控制系統等。Shodan 會

掃描全世界的 IP 位址,如同 Google 搜尋引擎一樣,它的運作方式是全天候的掃描及更新資料庫,因此使用者能迅速地獲得目前最新的搜尋資訊。Shodan 會搜尋全球的物聯網設備並擷取其相關資訊,包括 IP 位址、執行的服務、系統資訊等,就連美國線上投票系統,Shodan 都能夠找得到。Shodan 透過「Banner Grabbing」(BG)技術來取得系統或裝置上執行的服務之訊息再加以解析。BG 是一種擷取網路通訊埠所運行之服務的資訊技術。開啟網址 https://account.shodan.io/billing/member 後,即可使用 Shodan。Explore、Maps、Exploits、Images 是 Shodan 最常用到的四種功能與資料呈現方式。Explore 功能顧名思義就是搜尋。在 Explore 搜尋欄,可以輸入邏輯運算子或者直接輸入想要尋找的裝置。Images 功能是在設備上進行快照(擷取裝置的畫面)。Exploits 會從 Shodan 資料庫中搜尋有哪些常見安全性漏洞(CVE, Common Vulnerabilities and Exposures)。如果存在 CVE 漏洞,代表在程式代碼上有邏輯弱點,當弱點被利用時可能會增加被入侵以及機密資料外洩的風險,因為駭客可藉此得知目標設備可能存在著什麼型式的入侵管道。

在「Explore」搜尋欄位中輸入「\x03\x00\x00\x0b\x06\xd0\x00\x00\x124\x00」。即可搜尋 Windows 系統的遠端桌面協定(Remote Desktop Protocol),藉此找出目前有開放遠端桌面連線的主機,若是這台主機的漏洞尚未完成修補,就可能被駭客以「BlueKeep」漏洞進行攻擊,此漏洞可在遠端連上被攻擊的電腦,進而在被攻擊的電腦上執行惡意程式。

暴露於網際網路上的電腦或裝置,就可能會被駭客使用 Shodan 找出來,連同所開啟的通訊埠都會被發現。接下來我們就實際操作一遍 Shodan 物聯網搜尋引擎。

在 Shodan 的搜尋首頁,Shodan.io,輸入 "webcam",即可搜尋到全世界有公開 IP 的 webcam。如下兩圖所示。

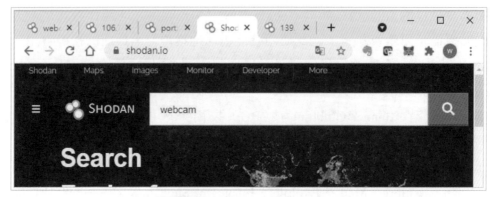

圖 1-10　Shodan 的搜尋首頁

按搜尋後，總共搜尋到 10788 個裝置，如下圖所示，

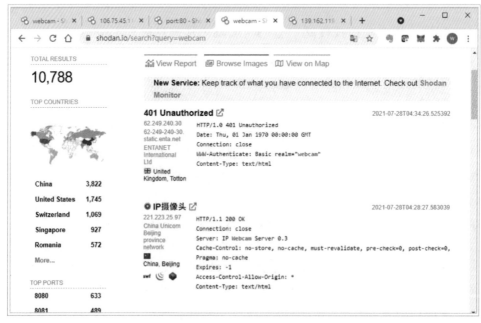

圖 1-11　Shodan 的搜尋結果

選擇 221.223.25.97 進一步查看其詳細資料，可看到包括國家、擁有組織，以及開放的 TCP 埠號等資訊。

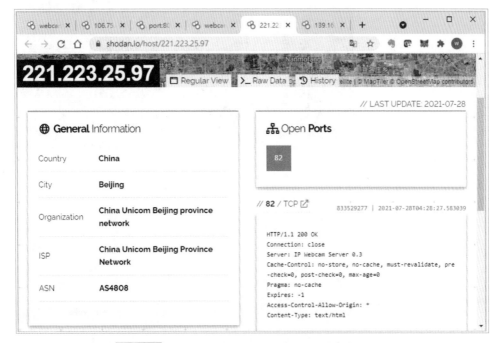

圖 1-12 Shodan 所查到之個別 IP 位址的資訊

有些 IP Cam 甚至可看到即時影像，如下圖所示。

[https://www.researchgate.net/figure/A-list-of-home-surveillance-cameras-device-scanning-search-engine-Shodan_fig4_305311632]

圖 1-13　Shodan 可監看到 IP Cam 的即時影像

　　以下是駭客利用的資安弱點及漏洞：

(1) 被感染病毒的 USB。

(2) 組織成員資安意識薄弱。

(3) 忽略資安警告。

(4) 駭客駭入有漏洞的系統，獲得存取權限，並留下後門程式，如此等於擁有待價而沽的駭客資產。

　　由於資安已被視為是企業治理 (Governance) 指標之一，有些企業會投保資安險。資安保險公司則會檢視企業的資安作為，以決定承保與否以及保費高低。也就是說，重視資安在未來將是企業不得不做的內部業務了。

　　OWASP(Open Web Application Security Project) 為了協助製造商、企業，以及消費者更加了解 IoT 領域的資訊安全威脅，每年均會列出前 10 大 IoT 資安威脅，包括

1. **弱強度、易猜測、寫於代碼內的密碼**

為了管理方便常將預設密碼事先建立在 IoT 場域裝置內，這稱為硬編碼 (Hard Coding)。若密碼允許另行設定，也只是設定成弱強度或易猜測的密碼。

硬編碼 (Hardcoding) 雖然方便工程師以遠端方式進行故障排除或狀況檢查，相當於後門程式的作用，然而這也意謂著若駭客設法取得一個裝置的密碼，那就等同也取得了其他類似裝置的密碼。若密碼允許另行設定，若只是設定成弱強度或易猜測的密碼，資安作為依然不足。

2. **不安全的網路服務**

不安全的網路連接設定，例如開放過多的連接埠或開放不需要的服務會增加 IoT 設備的受攻擊的機會，導致資料洩漏或系統被入侵。製造商應該將可連接的服務減少到最少程度，並盡可能使用安全的傳輸協定。

3. **不安全的生態系統介面 (ecosystem interfaces)**

與 IoT 裝置互動的各個介面有可能存在資安漏洞。Web、行動裝置、後端 API 或雲服務介面 (Cloud interface) 可能是駭客獲得 IoT 裝置有意

義資訊的途徑，有意義的資訊包括裝置的軟體、功能單元，以及資料。弱身份鑑別能力、弱加密能力，或弱輸入與輸出的過濾能力都是不安全介面的典型例子。

4. **欠缺安全的更新機制**

更新 (Update) 對 IoT 裝置的除錯與改進是關鍵所在。然而若更新機制不夠安全，當在進行軟體或韌體的更新時有可能置 IoT 裝置於資安風險之中。更新的內容有可能在源頭或傳送的過程中被竄改。為了避免此狀況，更新的代碼應該具備數位簽章，而且要透過安全管道進行更新。

5. **使用不安全或過時的元件**

不合時宜的元件有可能留下了資安弱點，而且這些元件的軟體大都不再維護，也就是無法進行版本更新，這對於 IoT 設備會造成嚴重的資安威脅。駭客可能會利用已存在的資安漏洞得到裝置的存取權限。最近的例子是影響 Intel、ARM、以及 AMD 處理器的推測執行式安全漏洞攻擊 (speculative execution attack)，也叫 Spectre 攻擊。Spectre 攻擊是透過欺騙手法讓應用程序能存取到記憶體的任何位址，並藉此取得機敏資料。避免此類資安威脅的方法是盡量不使用過時元件。

6. **不充份的隱私保護**

若 IoT 設備裝置對本地資料儲存無法提供充分的隱私保護，使得不懷好意的有心人士有可能在未經援權下收集所儲存的個人隱私資料。

7. **不安全的資料傳輸的與儲存**

資料的洩漏在資料儲存階段、傳輸階段、以及處理階段都有可能發生。弱加密，再加上存取控制機制的欠缺，會讓裝置的資料成為易受攻擊的目標。

8. 不充份的裝置管理

若缺乏了解連接於網路之 IoT 設備的全貌，也就是疏於管理，那麼要防禦資安威脅就成為一種不可能的任務。

9. 不安全的默認設定

默認設定 (Default setting) 有可能造成資安漏洞，例如密碼寫在代碼內或是預設就以最高權限啟動系統。

10. 缺乏對實體安全的強化

設備的預留除錯埠口 (Debugging port number)，以及儲存機敏資訊在可取出的記憶卡內都是缺乏對實體安全強化的例子。

我們已了解應用 IoT 於各產業時，資訊安全是一件非常關鍵的因素，尤其在那些作業流程中牽涉到非常多的參與者 (Participants) 的產業與場域，就更加明顯。但是要分析 IoT 應用於產業之資安問題就變得非常龐雜，這時就需要了解 IoT 的技術元素。

物聯網在許多產業的應用實際上是三種技術的整合運用，也就是 OT、IT 及 CT。OT(Operational Technology) 是場域操作技術或運營技術，比如工人操作一台機器，倉儲作業、包裹分派、…等。OT 主要會使用到硬體設備大都是針對硬體設備的操作。OT 主要是針對硬體設備的操作。IT(Information Technology) 是指資訊技術，主要是運用到程式編寫的軟體元件、感測模組、控制模組，以及雲端平台等服務器，而 CT(Communication Technology) 是指通訊技術，包含有線網路技術，以及無線通訊技術，例如 WiFi、5G 等。IT 與 CT 藉由網際網路的整合，目前常被一起稱為資通訊技術 (ICT)。

IoT 系統是由異質裝置、異質設備、異質元件、異質系統、異質網路所構成。這種異質特性使得 IoT 的資安威脅的辨識與防禦不容易實施。傳

統的網際網路及其應用與服務就已有許多資安議題必須加以考慮。擴展到 IoT，資安威脅的範圍就更為擴大與複雜，有些場域所要管理的裝置有可能達到上千甚至上萬。IoT 有著許多高度分散，以及脆弱的組件，例如功能有限的嵌入式裝置及感測器等，它們甚至被放置在公開區域。不懷好意者很容易運用此特點進行破壞。密碼技術雖是網路安全的基石，但也非萬靈藥，因為許多 IoT 裝置本身的運算能力有限，而加密與解密演算法必須運算快速並且不能佔用太多記憶體。另外，密鑰的管理也是一項關鍵，尤其需要互相交換金鑰時，如何安全地互傳金鑰就是一個議題。IoT 系統無法避免的會使用到網際網路的基礎設施（Infrastructure），但有些 IoT 裝置並無法實現網際網路的安全機制，例如身分管理機制。然而身份管理 (identity management) 對 IoT 系統的安全至關重要，這牽涉到身份真實性 (authentication) 的議題，而功能授權 (authorization) 也是與身份真實性有關。IoT 既然無法於裝置直接實現網際網路層級的安全機制，通常就需倚靠網路設備，例如防火牆，以及使用入侵偵測系統 (intrusion-detection system)，藉以偵測不懷好意的網路行為。

接下來，我們舉一些 IoT 相關的資安事例。

在澳門曾發生一間大型酒店賭場的所有豪奢賭客 (high roller) 的資料庫被黑客盜取的資安事件 [11]。該賭場自許具有高等級的資安防護，一開始實在不清楚為什麼還會被黑客得逞的。經過詳細調查，發現是大廳魚缸的恆溫器 (hermostat) 出問題。賭場所安裝的恆溫器可視為物聯網裝置是連接到網路的，以便傳送傳感器所監測溫度。黑客運用此裝置的資安漏洞，當做跳板入侵到網路系統並找到豪客資料庫並竊取。據內部 IT 人員表示大約 10GB 的數據被傳送到芬蘭的一個 IP 位址，而且所使用的傳輸協定在音頻和視頻會議的常用協定。此案例是資訊洩露 (Information Disclosure) 的一種攻擊，資料機密性被違反了。雖然過程有點曲折，但過程中，身分鑑別性也被違反了。此例子明示的另一件事就是監看網路異常活動和數據傳輸的

重要性。恆溫器應該與大量數據及影音傳輸協定無關,所以當監測到這些網路活動,就表示有資安問題發生。

有一些運作在港口的工業控制系統和物流設備也可以看成是物聯網設備,例如龍門起重機 (gantry crane)。運作在龍門起重機上的協議可以控制哪些包裹要往左移動,哪些要往右移動。想像一下,若黑客能像入侵上述之 IoT 恆溫器般接用 (access) 這些龍門起重機,然後操控大型機械物件的移動,會發生甚麼危險狀況。這是一種權限提升的攻擊,違反了授權性。會發生黑客從 IoT 終端裝置或設備入侵的主要原因當然是 IoT 系統之資安漏洞所致。

談到 DDoS 攻擊,有一個很著名的例子。2017 年美國資安業者 Anubis Networks 於其官網發布消息表示,全球最大殭屍網路 (Botnet) Necurs,已新增了分散式阻斷服務 (Distributed Denial of Service, DDoS) 的攻擊模組,意謂著該殭屍網路除了能用來傳送大量的垃圾郵件 (Spam mails) 之外,現在還具備發動 DDoS 攻擊的能力。Necurs 掌控了全球將近 500 萬台的殭屍電腦,每一部電腦有多個惡意程式模組,其中一個主要模組是可動態載入其他模組的 Rootkit 程式。所謂 Rootkit 是一套可以讓攻擊者控制遠端主機的後門程式 (backdoor) 或木馬程式 (trojan)。駭客利用各種方法 (遠端攻擊、密碼猜測、暴力破解等),取得系統的最高權限後,在目標主機上安裝 rootkit 來隱藏入侵的蹤跡。Rootkit 讓攻擊者能以 root 最高權限進入目標主機的工具,它能偽裝成正常的程式,卻是置換過的,留有特殊的後門 [12]。

Anubis Networks 指出:「Necurs,主要有 Rootkit、網域產生演算法 (Domain Generation Algorithm, DGA) 及垃圾郵件模組。」現階段最大的物聯網 (IoT) 殭屍網路是 Mirai Botnet,目前約掌控 40 萬個 IoT 裝置,在其規模還只有十幾萬的時候,就能帶來接近 1Tbps 的攻擊流量,曾摧毀了資安部落格 KrebsOnSecurity、也曾拖慢了法國網站代管服務供應商 OVH

的效能，還參與了鎖定 DNS 服務供應商 Dyn 的 DDoS 攻擊。雖然 Anubis Networks 迄今尚未發現由 Necurs 發動或參與任何的 DDoS 攻擊行動，但以 Necurs 的 500 萬台殭屍電腦的規模，在具備 DDoS 功能之後，其所能造成的損害將難以估計。[12]

　　有一種 SSL 剝離攻擊 (stripping attack)，是駭客攔截用戶機敏資料的攻擊。從瀏覽器連接至網路需要應用層協定，HTTP 或者 HTTPS，後者比前者安全，因為 HTTPS 使用了 SSL/TLS 的機制對資訊加密。SSL 剝離攻擊指的是駭客介入在用戶端與網路之間，駭客本身連接到網站 HTTPS 版本，而讓用戶連接至駭客控制的 HTTP 版本的網站，這使得駭客可以得到用戶所傳送的任何明文訊息。這些資訊如果是商業上客戶姓名、地址、帳號及密碼，那麼駭客即可進一步偽裝成這些客戶。在電子商務的情況，若資安意識不足的消費者以明文方式傳遞機能資訊，例如信用卡的詳細資訊，就有可能被盜取了。

　　在公司退費的應用情境，公司員工連到服務消費者的社群網站與消費者協調退費事宜，例如銀行帳戶與退費時間，取得這些資訊後並確認無誤後，之後即可將費用匯款至消費者的銀行帳戶。殊不知，實際上居於中間的駭客已事先在公司員工的電腦上建置了代理服務器，可以將所有訊務 (traffic) 轉送到駭客的服務器，如此一來，駭客得到這些資訊後，即可剝離員工自己至消費者網站進行的 SSL 連線。一方面將自己的銀行帳號轉給公司員工，另一方面告訴消費者其退費申請未被核准。

　　勒索病毒就以 WannaCry 最惡名昭彰，因為是將受害者資料檔案加密，使無法閱讀，所以是屬於一種 DoS 攻擊，危害了可用性。2017 年 5 月，WannaCry 程式大規模感染了包括西班牙電信公司在內的許多西班牙公司、英國國民保健署、聯邦快遞和德國鐵路股份公司。據報導，至少有 99 個國家的其他目標在同一時間遭到 WanaCryptor 2.0 的攻擊。俄羅斯聯邦內務部、

俄羅斯聯邦緊急情況部和俄羅斯電信公司 MegaFon 共有超過 1000 台電腦受到感染，在中國甚至波及到公安機關使用的內網。在台灣也有許多大企業，包括醫院，中了 WannaCry 病毒，光至 2018 年，已有大約 150 個國家遭到攻擊

　　WannaCry 被認為利用了美國國家安全局的「永恆之藍」（EternalBlue）攻擊 Microsoft Windows 作業系統的電腦。「永恆之藍」工具利用了某些版本的微軟伺服器訊息區塊（SMB）協定中的數個漏洞，而當中最嚴重的漏洞是允許遠端電腦執行程式碼。雖然修復該漏洞的安全修補程式 (patch) 已經於 2017 年 3 月 14 日發布，但並非所有電腦都進行了修補，於此空窗期就造成了對可用性危害。下圖是中了 WannaCry 病毒的畫面，攻擊者明示轉帳比特幣才會進行解密 (Decrypt)。[13]

圖 1-14 WannaCry 病毒的畫面 (source：[14])

　　文獻 [18][19] 提到：「斯洛伐克資安廠商 ESET 旗下的資安專家，發現北韓駭侵團體 Lazarus 在南韓發動供應鏈攻擊行動。WIZVERA VeraPort 是南韓政府指定使用於接用政府與銀行網路服務時必須安裝的資安監測驗證軟體；VeraPort 會自動安裝政府與金融機構網站所需的系統元件和資安軟體。駭侵團體 Lazarus 利用此一漏洞，發動供應鏈供擊。Lazurus 的駭侵手法如下：首先是釣魚郵件攻擊，駭入已獲得 VeraPort 認證，且擁有合法數位憑證的網站服務器，然後將惡意軟體植入遭駭的網站中。一旦安裝了 VeraPort 的受害者電腦連線到該網站，就會自動下載並安裝偽裝過的惡意軟體。受害者電腦被安裝惡意軟體後，接著會下載 Dropper 惡意軟體，在受害電腦中開啟可遠端控制的後門。之後駭客即透過後門進行後續的駭侵攻擊，包括竊取檔案與資料，或是做為跳板執行其他駭侵攻擊。」。下圖是攻擊的示意圖。

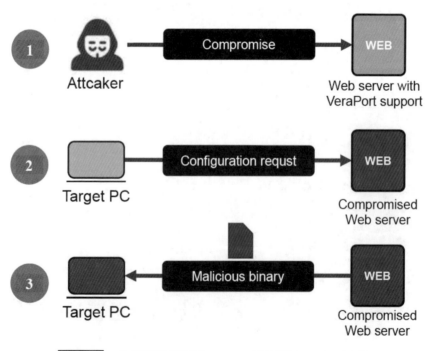

圖 1-15　北韓駭侵團體 Lazarus 的攻擊 (source:[19])

RFID 是 IoT 很重要的終端裝置，安全和隱私問題被認為是 RFID 應用系統在廣泛應用上的障礙。因此，有必要分析 RFID 系統的安全威脅，以便採取適當的資訊安全措施，當然有些作為不僅是技術問題，還需要政策，法律和規範上的搭配。基於 RFID 的應用系統可能存在的資訊安全隱憂至少有以下幾種：

(1) **竊聽隱私 (Eavesdrop privacy)**：藉由無線通道，竊聽者可以取得讀取器 (Reader) 與 RFID 的互動資訊。

(2) **重現攻擊 (Replay attack)**：根據已竊聽得到之讀取器和標籤的溝通方式，以重現方式獲取重要數據。

(3) **前向安全性攻擊 (Forward security)**：攻擊者試圖使用當前洩漏的密鑰來推斷以前的舊密鑰，從而進行攻擊行為。

(4) **同步破壞攻擊 (Synchronicity damage)**：攻擊一個標籤任意多次，使得閱讀器與標籤失去同步狀態，使得讀取器無法與 REID 標籤通訊。

(5) **位置跟踪 (Position tracking)**：藉由非法閱讀器讀取標籤內的 ID，配合地理位置資訊 (GPS) 即可知曉來源與目的地。

物聯網資安涵蓋層面很廣，主動與被動的網路攻擊中，諸如裝置監看、監聽、中間人攻擊、壅塞等都是常見的攻擊，除了傳統的 IT 及 CT 的資安，多了 OT 的資安。

有攻擊當然就有防禦，例如藉由鑑別機制 (authentication) 可以驗證身份真實性，鑑別機制通常包括多種身份證明方式。檢查帳號與密碼是最常見的身份鑑別方法，因帳號密碼可能被盜或忘記，或暴力猜測，因此衍生 SSO (Single Sign On) 的解決方案，以及零信任 (Zero Trust) 等機制。資料機密性可以藉由資料加密達成，加密演算法包括對稱式及非對稱加密演算法。數位簽章則可以確保來源不可否認性。

在資訊領域，常以階層的觀點來描述及分析設備或裝置的軟體與硬體的各種性質。如果就一台完整 IoT 設備的角度來看，資訊安全可以分成 5 個資安階層 (Security layer) 如下圖所示，IoT 資訊安全的議題非常龐雜，本書往後五章的內容將討論，這些議題，以及包含本章所提到的專業技術名詞。

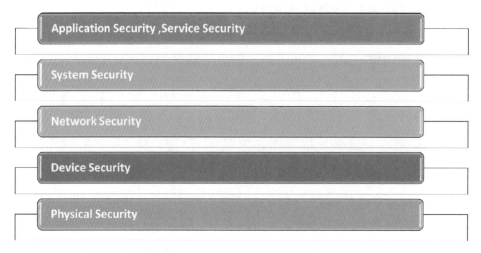

圖 1-16　IoT 設備的資安階層觀點

第二章

網路與通信技術

2.1 網際網路 TCP/IP 五層協定

從使用者的觀點，兩部網路主機是透過應用程式 (Application) 互傳資料與訊息，資料與訊息的意義再由應用程式與使用者加以解讀。如下圖所示。

圖 2-1　使用者觀點的訊息傳送 [30]

實際上，應用程式是基於網際網路技術才能達到互傳資料的目的。網際網路技術可以從五層的 TCP/IP 協定組進行討論，如下圖分別列出各層名稱、常用協定、協定資料單元，以及定址 (Addressing) 的名稱。

Layer #	Layer Name	Protocol	Protocol Data Unit	Addressing
5	Application	HTTP, SMTP, etc…	Messages	n/a
4	Transport	TCP/UDP	Segments/Datagrams	Port #s
3	Network or Internet	IP	Packets	IP Address
2	Data Link	Ethernet, Wi-Fi	Frames	MAC Address
1	Physical	10 Base T, 802.11	Bits	n/a

圖 2-2　TCP/IP 五層架構 [30]

在傳送端，各層的協定資料單元 (Protocol Data Unit, PDU) 是由應用層開始依序往下層進行封裝，最後再藉由實體層所建立的通道送至接收端。在接收端，則與傳送端的處理方向相反，由實體層依序往上進行拆解。如下兩圖所示。

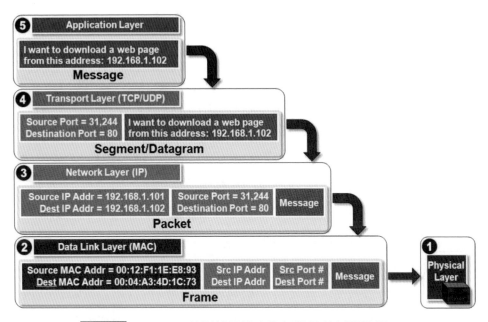

圖 2-3a TCP/IP 傳送端的協定資料單元的封裝過程 [30]

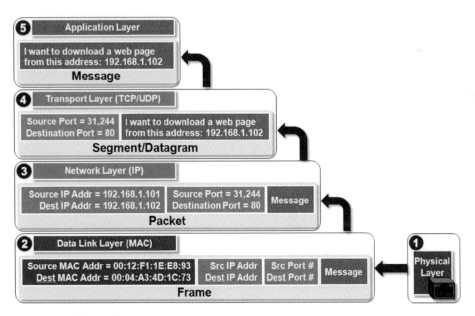

圖 2-3b TCP/IP 接收端的協定資料單元的拆解過程 [30]

TCP/IP 五層協定的作用，簡述於下：

1. Physical Layer（實體層）

   簡略的說，實體層指的就是電纜、光纖或無線通訊等相關技術。負責將位元數據 (Binary Date) 編碼成對應的電子訊號，然後以一定的功率傳遞到其所連結之傳輸媒介或通訊通道。另一方面，也從媒介或通道接收電子訊號再解碼成位元數據後往上上層傳遞。實體層不必理會所傳送的位元代表什麼意義，它只負責位元之電子訊號之電子特性及媒介或通道之機械特性，以及發送與接收之格式及方法。

2. Data Link Layer（資料鏈結層，DLL)

   資料鏈結層負責讓數據在網路節點到節點之間能有效且完整地傳送。上層的資料可能會被分割成多個資料框 (Frame)，資料框的標頭 (header) 記錄的是資料鏈結層協定彼此溝通的訊息。資料鏈結層與實體層是區域網路 (LAN，Local Area Network) 的必備要件，LAN 網路包括 Ethernet、TokenRing 或 FDDI(fiber distributed data interface) 等。下圖是 Ethernet 網路的資料框格式。

Ethernet header	IP header	TCP header	data(massage)	Ethernet trailer

圖 2-4　資料鏈結層 Ethernet frame 封包格式

3. Network Layer（網路層）

   網路層的主要作用在為送收雙方建立起溝通的路由 (routing path)。運用網路定址與路由機制將資料鏈結層原本局限在 LAN 範圍的節點到節點之間的溝通，延伸到整個網際網路 (Internet)，因此也有人將網路層叫做 IP 層 (Internet Protocol Layer)。IP 層協定處理元件從 TCP 或 UDP 層會收到資料，即將它們封裝成網路層 PDU。再將 IP 位址對應

的實體位址 (即 MAC 位址) 找出，然後將 PDU 交給下層的 DLL 協定處理元件。IP 層的 PDU 叫做封包，每個封包都有 IP 標頭 (header)，記錄 IP 層 PDU 的訊息，做為網路層的 IP 協定處理溝通的訊息。

如果 IP 層需要進一步切割封包時，就會產生多個封包並依序編碼，這樣另一端的 IP 層才能把它們組合還原。IP 層會將每個封包目的端的 IP 位址的 MAC 位址或路由器閘道器埠口的 MAC 位址轉送至下層的 DLL 層。IP 層還有一個很有用的功能做群播 (multicast)，它可將一個封包傳送給多個接收 IP 位址。IP 封包被送到 Ethernet、Token Ring、ATM 等媒介的 DLL 層再由纜線或無線傳送至通道。IP 封包的大小則依其下層的 DLL 層而定。下圖是網路層封包處理元件的主要動作。

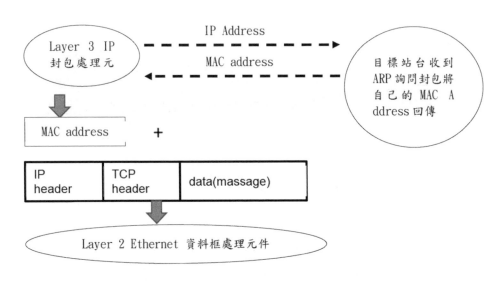

圖 2-5　網路層封包處理元件的主要動作

資料來源：Computer Desktop Encyclopedia，1998

4. **轉埠層 (Transport Layer)**

在資料開始傳輸之前，TCP 會先在兩端點間建立起虛擬連線，而且協商好 TCP 資料段 (Segment) 的大小。TCP 使用於需要可靠傳輸的場合，

例如檔案傳輸。TCP 的 PDU 的資訊標頭 (Header)，包括來源埠號、目的埠號及資料段 (Data Segment) 的序號。

UDP 不同於 TCP，它並不需要先建立連線，不保證也不提供流量控制或錯誤重送，UDP 適合使用在傳送音訊或視訊的場合。

TCP 和 UDP 將其 PDU 及目的節點之 IP 位址傳送到 IP 層。進行封裝，如下圖所示。

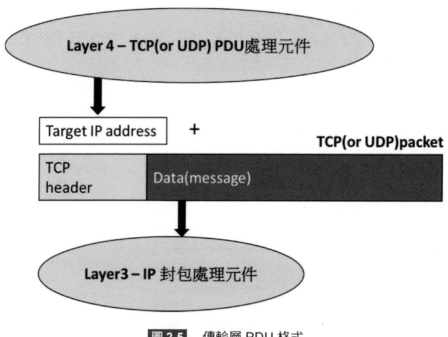

圖 2-5　傳輸層 PDU 格式

資料來源：Computer Desktop Encyclopedia，1998

TCP 或 UDP 封包中的 Target 目的節點之 IP 位址，以及連結埠號，以及資料訊息則是由應用程式傳送給傳輸層協定處理元件。

5. **Application Layer 應用層**

應用程式的功能是開啟、關閉、讀寫、傳送檔案及訊息、接用遠端服務、取得網路資源等，溝通的兩端就要有共通協定互相溝通，因此應用程式大都會實現某些應用層協定。

應用層協定規範傳送端程式與目的端程式的溝通方式，本層以訊息溝通為主要最首要之目的，例如使用者輸入命令要求服務端的程式提供某種資料。應用程式的功能是開啟、關閉、讀寫、傳送檔案及訊息、接用遠端服務、取得網路資源等，溝通的兩端就要有共通協定互相溝通，也就是應用程式需實現某些應用層協定。

透過網路傳送資料，例如一封電子郵件、一份圖檔甚至是一筆資料，都要事先整理成應用層所規範的格式，然後再一層一層的往下傳遞並封裝，最後經由實體層的網路連線裝置送進網路。接收端主機藉由通道接收這些資料，由實體層開始，一層一層進行反向操作，重組回應用層規範的資料，最後經由應用程式對資料做最後的處理與呈現。為了方便使用者記住網站應用程式，而不是記住 IP 位址，網際網路有一種網域名稱服務機制，讓應用程式可以向 DNS 查詢某個網域的規範的 IP 位址，如下圖所示。

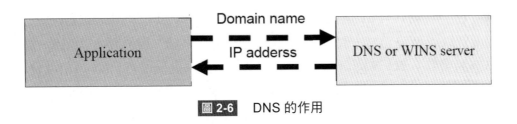

圖 2-6　DNS 的作用

　　舉例來說，應用程式可向 DNS 服務器查詢得到 www.nkust.edu.tw 的 IP Address 是 163.18.1.4。

2.2　網際網路之技術觀點

何謂網際網路？從使用者的角度來看，網際網路可以讓兩台遠距主機的多個應用程式互相傳送資料或訊息，而主機節點的 IP 位址是唯一的。如下圖所示：

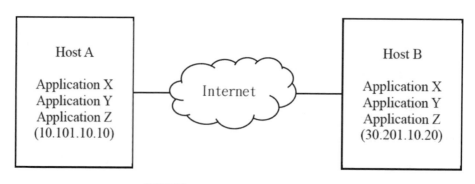

圖 2-7　使用者觀點的網際網路

上圖中的 10.101.10.10 及 30.201.10.20 就是 IP 位址，如前所述連接至網際網路的網路裝置都需要有唯一的 IP 位址，才能彼此互傳訊息

IP 位址總共有 32 個位元，但因為位元串的 0 與 1 二進位碼很難記憶，因此就以 8 個位元為一個欄位，表示成 10 進位之後，欄位間再以符號。改半形的做為分界。例如 168.7.5.1 就代表 10101000000000111000001010000001。IP 位址被分為子網路 ID 及主機 ID 兩部分，本書以 Subnet ID 代表子網路 ID，Host ID 表示主機 ID。它們分別分配若干個位元數，但合起來就是 32 位元可以簡單看成是

IP Address=Subnet ID + Host ID 。

那要如何判定那些位元是子網路 ID，那些是主機 ID，這主要是透過子網路遮罩。Subnet ID 的位元位置都設為 1，剩下的 Host ID 的位元位置都

設為 0，就構成子網路遮罩 (subnet mask)，例如 255.255.0.0 就表示子網路 ID 有 16 個位元，主機 ID 也有 16 個位元。

何謂網際網路 (Internet)?Inter 是相互之間，net 是指子網路。子網路之間互連起來就構成是網際網路。中國將 Internet 翻譯互連網，其實頗為貼切。

那如何讓子網路互相連結起來？要回答此問題，就要先了解什麼是子網路 (Subnet)。觀念上，我們可以先這樣理解，一個子網路內的所有節點的子網路識別碼 (Subnet ID) 都必須是一樣的。而子網路的實體結構上，可以是匯流排 (Bus) 或星狀拓樸 (topology)。Bus 拓樸，顧名思義，所有的節點都接在匯流排上。如下圖所示：

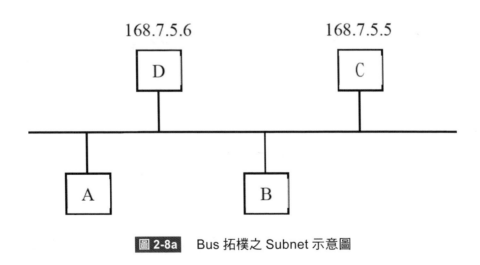

subnet mask：255.255.255.0
subnet ID：168.7.5.0

圖 2-8a　Bus 拓樸之 Subnet 示意圖

星狀拓樸則是以交換器 (switch) 為中心的構成方式，如下圖所示，

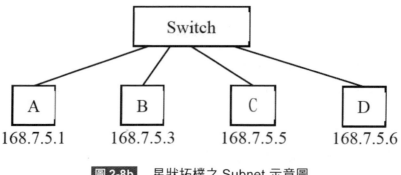

圖 2-8b 星狀拓樸之 Subnet 示意圖

　　上圖的 168.7.5.1、168.7.5.3、168.7.5.5、168.7.5.6 就是節點 A、B、C、D 的 IP 位址。子網路編號 (Subnet ID) 可以由子網路遮罩與 IP 位址進行 AND 運算就可以得到。以 IP 位置 168.7.5.6 為例，168.7.5.6 AND 255.255.255.0，就得到 subnet ID 是 168.7.5.0。計算過程如下，因為 AND 是位元運算，因此需將 IP 位址轉換回 32 個位元後再行計算。168 是 10101000，255 是 11111111，所以 168 AND 255 為 168，如下式計算，

```
168 --> 10101000
255 --> 11111111
----------------
AND     10101000
```

　　其他位置的數字依此類推計算，可以得到 subnet ID 是 168.7.5.0。同一子網路下的其他 IP 位址計算的結果也是相同結果。這是必然的，因為同一個子網路的 ID 是相同的。了解了何謂子網路，接下來要討論一個很重要的網路設備叫路由器。

　　將子網路連接起來的主要設備是路由器 (Router)，子網路會連結至路由器的一個接口 (interface)。較容易理解說法是，將路由器的接口想像成是一部主機，也是屬於子網路拓樸的一個節點。這一部假設主機是子網路之封

包的出入口,叫做子網路預設閘道 (Default Gateway)。 雖然預設閘道只是路由器的一個介面接口 (interface port),但要記住介面接口也是子網路的一個節點,與其他節點有相同的 Subnet ID 與運作方式。

前段已提到,同一個子網路的節點之子網路遮罩 (subnet mask) 的設定都是一樣的,而且只要將網路節點的 IP Address 與 subnet mask 做 AND 運算就得到 subnet ID。 路由器會有多個預設閘道,分別做為各個子網路的一個封包出入口。路由器會檢視所收到的 IP 封包再判斷是要到那一個子網路,之後再將封包送往該子網路對應的預設閘道介面接口。為了達到這個目的,網路層的 IP 封包至少要有三個欄位,如下圖:

圖 2-9　IP 封包的主要欄位

上述的結構類比於寄信人地址,收信人地址,以及信件內容。閘道器收到 IP 封包會檢視目的 IP 位址再決定要轉送到那一個閘道埠口。子網路上的節點基本上可以接收所有的封包,但一般只會收目的 IP 位址與自己的 IP 位址相同的那些封包。

雖然一個節點不會接收「Destination IP Address」與自己的 IP 位址不同的 IP 封包,但廣播 IP 封包則是例外,所有節點都要接收廣播 IP 封包。那何謂廣播 IP 封包 (Broadcast IP packet)? 子網路內的 IP 封包,若其

Destination IP Address 的 Host ID 部分都填 1，就代表是一個廣播 IP 封包。接下來，我們以一個常見的主機網路之組態設定問題來複習前面提過幾個觀念。

有一個子網路的一個節點，其 IP Address 是 163.18.65.78/24，請問這個子網路的 (1)subnet mask (2)Subnet ID (3)Broadcast IP Address (4)Default Gateway 的 IP Address 為何？解題如下：

(1) subnet mask 為 255.255.255.0，因為 163.18.65.78/24 的 24 表示由左算起總共有 24 個位元作為 Subnet ID，表示 subnet ID 有 24 個位元，所以 subnet mask 是 255.255.255.0。

(2) Subnet ID 為 163.18.65.0，此由 163.18.65.78 AND 255.255.255.0 即可得到。

(3) Broadcast IP Address 為 163.18.65.255。將做為 Host ID 的 8 個位元全填 1 的 IP 就是廣播 IP，也就是 163.18.65.255。

(4) Default Gateway 有慣用的 IP Address，一般會以廣播 IP 位址減 1 的編號做為預設閘道器的 IP 位址，也就是 163.18.65.254。

再舉另一個比較複雜的例子，有一個子網路的一個電腦節點，其 IP Address 是 192.17.67.79/26，請問這個子網路的 (1)subnet mask (2)subnet ID (3)Broadcast IP Address (4)Default Gateway 的慣用 IP Address。

(1) subnet mask 為 11111111 11111111 11111111 11000000，也就是 255.255.255.192，因為從左到右有 26 個位元作為 Subnet ID。餘最右之 6 個位元為 Host ID。

(2) 192.17.67.79 AND 255.255.255.192 前 3 個欄位為 192.17.67，而第 4 個欄位是 79 AND 192，計算如下：

```
79  -> 01001111
192 -> 11000000  (AND)
------------------
       01000000  (64)
```

因此得到 subnet ID 為 192.17.67.64

(3) Broadcast IP Address 為 192.17.67.01111111，也就是 192.17.67.01xxxxxx 的所有 x 都填 1，會得到 192.17.67.127

(4) Default Gateway 的慣用 IP Address 為 192.17.67.126，因為是廣播 IP 減 1。

談到此，讀者應可理解網際網路 (Internet) 就是全世界子網路的集合。若從某一個子網路的角度來看，除了本身，其他所有子網路的集合就是 Internet。示意圖如下。

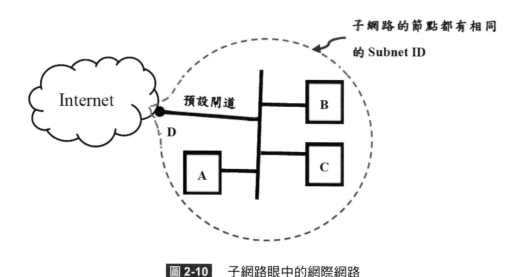

圖 2-10 子網路眼中的網際網路

　　如前所述，預設閘道是路由器的一個埠口 (port)。對一個組織內部來說，可以有許多子網路，這些子網路的集合則稱為 Intranet。Intranet 就是組織內的子網路藉由路由器連接起來。假設有一個 Intranet 包含 4 個路由器其示意圖如下：

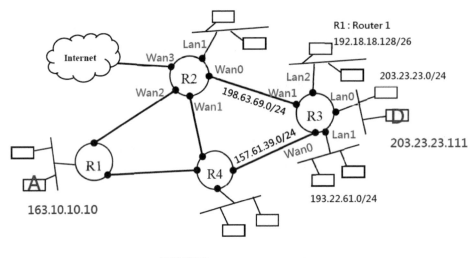

圖 2-11 Internet 的示意圖

　　路由器 (Router) 到路由器之間都會有多重鏈路 (link)，如此可避免單一鏈路被阻隔後封包就沒有辦法傳送的情況。路由器 R1 的介面接口 (interface port) 所接的一個子網路 163.10.10.10 有一個 A 節點。A 要送封包給 R3 的介面接口 Lan0 所接的子網路 203.23.23.0 的節點 D，其 IP Address 是 203.23.23.111。此封包可以有多種路徑可以傳送，列出如下：

　　(1) R1 → R2 → R3 (2) R1 → R4 → R3 (3)R1 → R2 → R4 → R3 (4) R1 → R4 → R2 → R3，這種概念叫封包交換。

　　封包交換 (Packet switch) 的好處是即使某個路徑不通，其他路徑都還可以傳送，所以相當於是一種備援的作法。在傳送大檔案時，就有可能被

切割成許多個小封包，而每個封包所走的路徑則不一定相同。至於接收節點會在收到所有封包後，再組合成原來的檔案。

　　Router 與 Router 的鏈路 (link) 叫骨幹子網路 (Backbone)，雖然只是點對點，也會有唯一的 subnet ID。

　　Router 如何決定它所收到的封包要如何轉送？這個稱為路由規則，規則如下：

1. Router 收到 IP 封包後，會將封包的目的端的 IP 位址取出。
2. 然後逐一比較路由表 (Routing Table) 的每一筆路由資訊，再決定要從那一個埠口送出。

　　所謂路由資訊是記錄在一個路由表 (routing table) 中，路由表的每一筆記錄指明要到 (To)。那一個子網路 (subnet ID) 要從哪一個埠口出去 (Via)。每一個路由器都會動態地維護一個路由表。以上圖的 R3 之路由器為例，其路由表如下表：

表 2-1　路由表範例

To	Via
203.23.23.0/24	lan0
193.22.63.0/24	lan1
198.64.69.0/24	wan1
157.61.39.0/24	wan0
192.18.18.128/26	lan2
0.0.0.0	wan1

　　表格中 To 欄位的格式是 subnet_ID/subnet_Mask，例如 24 就是表示有 24 個位元都為 1，也就是 255.255.255.0 為 Subnet mask，餘依此類推。最後一筆記錄 0.0.0.0 表示若無法決定由 (Via) 哪一個埠口出去，就都由 Wan1 送出。

　　如果 R3 收到一個封包，其 Destination IP Address 是 157.61.39.67，請問會從那一個埠口送出？從路由表第一筆資料開始比對，比對到 157.61.39.67 AND 255.255.255.0 時會得到 subnet ID 為 157.61.39.0，因此會從 wan0 送出。

　　如果 R3 收到一個封包，「Destination IP Address」內容是 57.81.38.67，請問會從那一個埠口送出？路由決策步驟如下：

(1) 比對第一筆路由資訊 (203.23.23.0/24,lan0)，也就是 57.81.38.67 AND 255.255.255.0 得到 57.81.38.0 與 203.23.23.0 不同，所以不是從 lan0 送出。

(2) 再比對第二筆路由資訊 (193.22.63.0/24,lan1)，也就是 57.81.38.67 AND 255.255.255.0 得到 57.81.38.0 與 193.22.63.0 不同，所以也不是從 lan1 送出。第三筆與第四筆也都不是。

(3) 比對第五筆路由資訊 (192.18.18.128/26,lan2)，57.81.38.67 AND 255.255.255.11000000 得到 57.81.38.64 與 192.18.18.128 不同，所以也不是從 lan2 送出。

(4) 路由資訊的最後一個一筆記錄的 0.0.0.0 是默認值，其意義是若都比對不到就一律從 Wan1 送出。

　　Wan1 會連到另一個路由器的接口，其實這就是預設閘道的概念，凡是比對不到的，就都從 Wan1 送出。通常最終會將封包送出 Intranet 到 Internet。

Intranet 擴大，想像成全世界的子網路藉由路由器連接起來，這就構成了網際網路。但是路由器不可能記得全世界的子網路，實際上，路由器僅會記住其鄰近的子網路的情況，相當於間接記住更大範圍的網路，而且是記在路由表內。

Router 之間還會藉由交換 Routing Table 更新路由資訊。那 Router 之間要如何交換 Routing Table? 作法是週期式的接收其直接相鄰的路由器所廣播的路由表。實際上 Router 的路由表除了記錄直接相連的子網路之 To 與 Via，也會記錄非直接相連的另一子網路的 To 與 Via。這樣的廣播交換機制使得每個路由器到最後都會對整體 Internet 的部分 Topology 有一定的認知。雖然無法知道全貌，但知道部分就已足夠。因為不知道的都當成遙遠的 Internet，就逕自送往預設閘道，也就是 0.0.0.0 那一筆路由資訊。

光使用路由器將所有子網路連接起來其實還不能發揮網際網路的真正功能。IP 位址是網際網路上各主機的唯一識別碼，而主機上則可以執行多個應用程序。試想一種情況，兩台主機上有多個應用程序同時在傳輸資料，那接收端收到封包後必須決定封包要送給由那一個應用程序處理，也就是要有可以區別到底 IP 封包中的 DATA 欄位的內容是要轉送到那一個應用程式。如果只是靠 IP 封包的 Destination IP Address 無法決定要分給那一個應用程式處理，這是因為所有應用程式都共享同一個 IP 位址。這時就需要使用到轉埠層協定的機制了。討論於下。

為了討論方便，我們只列出轉埠層 (Transport Layer) 的協定資料單元之參個主要欄位，如下，

Source Port Number	Destination Port Number	Control bits	DATA

圖 2-12　轉埠層 PDU 的主要欄位

上述格式中，連接埠號 (Port Number) 會對應到某一個應用程式。Source Port Number 對應到傳送端的應用程式，Destination Port Number 則對應到接收端的應用程式。DATA 是傳送端之應用層所要傳送的內容。

轉埠層協定處理元件根據 Destination Port Number 來決定要將 DATA 送到那一個應用程式。一般就稱呼此為「End-to-End Communication」，這是因為轉埠層的 Port Number 會對應到應用程式，所以 Port Number 等於就是應用程式對外溝通的端點 (End)，所以也叫做端點對端點通訊。另外還有一個觀念叫「Socket」，是指 IP Address + Port Number 構成的溝通管道。Socket 表示如下。

(IP + Port Number) <----> (IP + Port Number)

應用程式與 Port Number 的綁定有兩種方式。若是做為服務器 (Server) 的應用程式，其 Port Number 可事先在組態檔中設定，程式啟動後即會自動綁定，例如網頁服務器 (Web Server) 就是使用 Port Number 80。如果是客戶端應用程式則大部分是在啟動後由作業系統指派，因此每次都有可能使用不一樣的通訊埠口編號。

為什麼服務器需要固定的 Port Number?

因為服務器必須等待客戶端 (Client) 提出要求，然後才提供服務，因此必須固定 Port Number，不然 Client 無法傳送連線請求與相關 Data 給服務器，客戶端程式知道 Server 的 Port Number，才能填在其 PDU 的標頭之 Destination Port Number 欄位內。Client 是主動提出要求，一旦 Server 收到資料塊，從 PDU 的 Source Port Number 就可以知道 Client 程式所對應的 Port Number。如果 Server 要回傳 PDU，就可以反過來將 Source Port Number 填到回傳 PDU 的 Destination Port Number。

在前一節曾提到，轉埠層 (Transport Layer) 有兩種協定，分別是 TCP 與 UDP。TCP 是連接導向式 (Connection-Oriented)，類似打電話，必須雙方建立連線才能互相溝通。UDP 為 Connectionless，類似寄信，不須對方同意，想寄就寄。TCP 與 UDP 的優缺點比較如下：

1. TCP 的優點是資料不會丟失，故稱為可靠傳輸。但缺點是傳送效率不即時。適合應用於要求可靠傳輸的網路服務，例如 Web Server、ftp Server、Mail Server。

2. UDP 的優點是傳輸效率佳，缺點是資料會丟失 (不可靠的傳輸)。適合傳送影音串流資料，封包有可能丟失，所以看影片時，有時會停格，或畫面某區域畫質不好，或聲音與影像不同步。

TCP 服務器程式在某一個 Port Number 等待 Client 的連線要求，經過三次交握後，才建立連線，之後才能互相傳送 DATA，這是 TCP 三次交握 (Three Way Handshaking) 的連線建立過程，圖示如下：

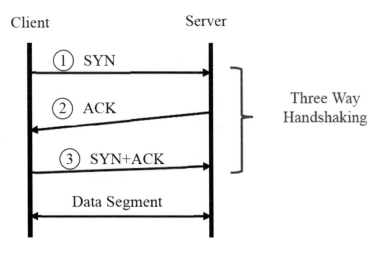

圖 2-13 TCP Three way handshaking

圖中的①②③分別是

1.　Client 先送出 SYN PDU 做連線要求

2.　Server 回應 ACK PDU 表示同意連線

3.　Client 再回送 (SYN + ACK) PDU 表示連線的建立。之後 Server 與 Client 就可以互相傳送含有 DATA 的 PDU。

至於如何區別 SYN、ACK、(SYN+ACK) 則是 PDU 中的控制欄位，如 圖 2-12 所示。

TCP 如何達到可靠性傳輸？其機制敘述如下，收到 PDU 的接收方必須 送回回條，也就是 ACK，表示收到了。如果傳送方久未收到回條，就再重 送。直到收到回條，才能再送出新資料段。若是一個一個資料段送出再等 回條，效率實在太差。一般的作法是傳送端一次送出多個依序編號的資料 段，接收端收到後，只要送回連續編號的最大那一個資料段的回條即可， 傳送端收到回條後就可以判斷前面編號的資料段都已收到了。假設傳送端 送出編號 1 到 6 的資料段，但接收方未收到 5，但收到 4 與 6，此時就不回 送 6 的回條，而只送 4 的回條。傳送端即知對方只收到 4，因此重新送出編 號 5 之後的資料段。透過這樣的機制即可達到可靠傳輸。

與 TCP 機制相同，UDP Server 與 UDP Client 的溝通，雖然也是 Client 先發出要求，但發出要求前不須獲得 Server 允許，也不奢望 Server 一定會 回應。但 Server 收到 Client 的要求，通常會進行處理，也就是會將 DATA 傳送至 Destination Port number 所對應的 Server 端之應用程式處理，處理後 也會將應用程式的回應資料送回傳送端。

2.3　區域網路與子網路

　　電腦教室就是一個區域網路 LAN(Local Area Network) 的典型代表。
LAN 的幾何結構可以是匯流排 (Bus) 或星狀的拓樸架構。區域網路的節點
之溝通協定為 TCP/IP 時，整個區域網路就可以視為一個網際網路子網路。
如前一節所述，子網路若要連接網際網路，必須藉由路由器，而路由器接
至 LAN 的接口也被視為是子網路的一個節點。如下兩圖所示，第一個圖是
匯流排的幾何結構，第二個圖是星狀結構 (Star topology)。

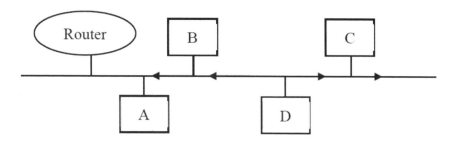

圖 2-14a　包含 Router 之匯流排拓樸的 LAN

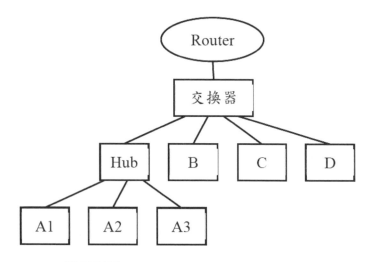

圖 2-14b　包含 Router 之星狀拓樸的 LAN

　　在第二種星狀結構中的交換器，可以想成在其內有一個控制器，當有 2 個節點要互傳資料時，控制器就會建立起一個虛擬通道 (virtual channel)。

　　LAN 上的任何節點都有同等機會使用通道媒介 (channel media)。以圖 2-14a 來說，如果 B 要送資料給 C，同時 D 要送資料給 A，那麼二元值數據的訊號會同時廣播到 Bus 上，這樣就會產生訊號衝突。因此之故一個 LAN 的範圍也叫做碰撞領域 (Congestion Domain)。而交換器星狀結構的則每一個連接埠才是一個碰撞領域，如圖 2-15b 的 A1、A2、以及 A3 就處於同一個碰撞領域。這是因為星狀結構中的交換器，可以想成在其內有一個控制器，當有兩個節點要互傳資料時，控制器就會建立起一個虛擬通道 (virtual channel)，直到資料傳輸結束才撤除。

　　為了協調碰撞領域內之眾多節點使用通道的機會與權利，必須有一個共同的接用規則 (Access rule)，這個就叫做 MAC 協定，MAC 代表 Media Access Control。CSMA/CD 是 LAN 最常用的 MAC 協定。CSMA/CD 的全稱是 Carrier Sense Multiple Access with Collision Detection，運作機制如下所述：

1. Multiple Access(多重接用) 表示連在匯流排上的節點都可以使用匯流排來傳送資料

2. Carrier(載體) 指的就是 Bus，也就是通道。Sense 是感測通道是否有電子訊號的存在。Carrier Sense 是指節點要傳送資料前要先感測 Bus 上是否有訊號，而是等待一段隨機的時間才再嘗試傳送，若無才送出資料，若有表示有其他節點在送資料，因此就不送。

3. Collision Detection：有可能會有兩個節點同時感測到 Bus 無子訊號，所以就送出資料，這時就會發生訊號碰撞。若發生訊號碰撞，必須重送。重送方式是各自等一個隨機時間再啟動 CSMA/CD 機制重送。

　　CSMA/CD 機制實現在網路卡上。電腦節點的網路卡可以將資料框或稱訊框的電子訊號送到 Bus，而其他電腦的網路卡就都可以感測到電子訊號，所以碰撞是考偵測的。如下圖所示，訊框的電子訊號是廣播在 Bus 中的。

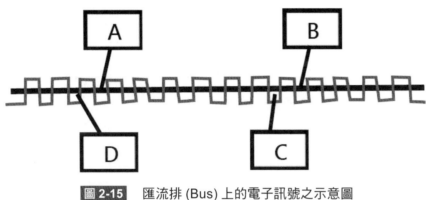

圖 2-15　匯流排 (Bus) 上的電子訊號之示意圖

　　網路卡是資料鏈路層與實體層的設備，除了實現 CSMA/CD 機制之外，它的主要作用，還有進行二元值數據與電子訊號的編碼與解碼。總結網路卡的特性如下：

1. 讀得懂訊框 (Frame) 的資料格式。
2. 傳送時，將訊框位元數據編碼成電子訊號。
3. 接收時，將電子訊號解碼成訊框位元資料。
4. 因為網路卡是接在 Bus 上，所以可以看到所有的訊框資料，但大部分的預設情況它只會收 Destination MAC Address 與自己網路卡編號相同的訊框。解讀完訊誆標頭後，取出 DATA 傳送到網路層協定處理元件。

　　區域網路運作在資料鏈路層，在其上可執行任何網路層的協定，但現在的大宗是 TCP/IP 的網路層協定，因此我們將 LAN 視為子網路。區域網路的主流協定是 IEEE802.3，也有人看成是以太網路 (Ethernet)，它規範了

MAC 機制，以及實體層的運作細節，例如位元值 1 與 0 的電子訊號形式，網路線的機械規格等。資料鏈路層必須要基於區域網路的實體通道，不論是有線或是無線才能運作。LAN 的協定資料單元 (PDU) 叫訊框 (Frame)，最重要的幾個欄位，如下圖所示：

Preample	Source MAC Address	Destinaion MAC Address	length	DATA	FCS

圖 2-16　IEEE 802.3 訊框格式

上圖的 Preample 欄位有特殊的位元樣式，主要做為同步用，length 欄位代表來自網路層之 PDU，也就是 DATA 欄位的位元長度。FCS 是 Frame Check Sequence 是運用錯誤更正碼所算出的錯誤檢測位元序列，供檢測 Frame 是否有誤用。

網路是分層負責的運作方式，每一層都有自己的協定處理器。例如轉埠層收到資料塊之後，會查看 Destination Port Number 是對應到那一個應用程式，然後把 DATA 欄位的內容送到應用程式，完全就不管 DATA 的內容。

為了增強印象，我們再次將資料段、IP 封包、訊框的關係之示意如下圖所示，傳送時上會將 PDU 交給下層封裝，接收時，下層解出 PDU 的 DATA 交給上層。

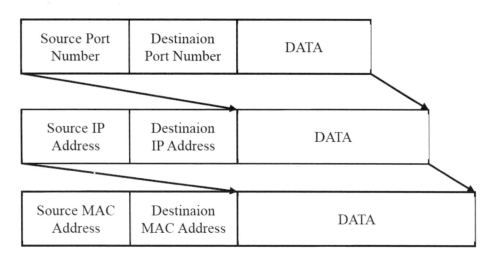

Segment、Packet、Frame 的關係

如果要從 127.65.33.21 送 dog 這 3 個字元到 168.113.78.34。假設 127.65.33.21 的電腦之網路卡的編號為 54:D3:A1:67:57:88，而 168.113.78.34 的網路卡編號為 F4:B3:A9:E7:D7:98，請問填在 Frame 的 Binary Data 的內容為何？d 的 ASCII Code 是 01100100；o 是 01101111；g 是 01100111，dog 的 Binary Data 只是 DATA 欄位的部分內容而已，DATA 欄位還有 Source IP Address 與 Destination IP Address，因為 Frame 的 DATA 是來自網路層。127.65.33.21 168.113.78.34 dog 的 Binary Data 才是 DATA 欄位的內容。

Source MAC Address 欄位內容為 54:D3:A1:67:57:88，而 Destination MAC Address 欄位的內容為 F4:B3:A9:E7:D7:98。它們還要加到 Frame 的 DATA 欄位中。PDU 經過網路卡轉換成電子訊號再傳送至通道。這些電子訊號是廣播式的，也就是網路卡會看到所有訊框的電子訊號，那網路卡如何知道要接收那一個訊框？

如前所述，訊框中有三個主要欄位，分別是 Source MAC Address、Destination MAC Address、DATA。如果 Bus 上的訊框的 Destination MAC Address 與自己的網路卡編號是一樣的，那就接收起來。如果 IP 封包是所謂的廣播 IP 封包，也就是子網路的所有節點都要接收這個 IP 封包，但我們已知訊框的 DATA 欄位的內容中有 IP 封包。因此即使是廣播 IP 封包，最終還是要靠訊框才能在 LAN 子網路中傳送。但是訊框的 Destination MAC Address 只能填一個，那如何令所有網路卡都要接收廣播 IP 封包的訊框呢？這裡再提醒廣播 IP 封包也是包含在廣播訊框的 DATA 欄位，而其對應的訊框是一種稱為廣播訊框的特殊訊框。將訊框的 Destination MAC Address 都填 1(共有 48 個 bits) 就是廣播訊框。網路卡看到廣播訊框就一定會接收，而不需比對訊框的 Destination MAC Address 是否與自己的編號相同。網路蠕蟲攻擊即利用此特性，總結來說，網路卡接收訊框的預設模式有兩個規則，如下：

1. Destination MAC Address 與自己的網路卡編號一樣時。

2. Destination MAC Address 都是位元值 1，也就是廣播訊框時。

網路卡還可以設定為一種全接收模式。也就是不論 Destination MAC Address 的內容，只要出現在 Bus 上的訊框都會接收起來。網路封包監測軟體就是運用這個全接收特性，只要在 LAN 的某一台電腦安裝了封包監測軟體，例如如 Wire Shark 之類的 Sniffer 軟體，此軟體會將網路卡設定為全接收模式以便可以監測整個 LAN 上所有電腦傳送的任何封包的內容；如果有機敏資料，例如信用卡號、帳號密碼 ... 就有可能洩漏。我們常聽人說在網路傳送未加密的機敏資料是一件很危險的事，主要就是指此。

我們常聽人說在網路傳送未加密的機敏資料是一件很危險的事，主要就是指此。一部電腦的網路卡會有一個唯一的網路卡編號 MAC Address。網路層的 IP Address 會對應一個網路卡，也就是說電腦節點要連上網際網

路，除了 IP Address 之外，還要有網路卡，資料鏈網路層在傳送時才能填訊框的「Destination MAC Address」的資訊。

為什麼網路卡換了，IP 可以不用換，但是還是能互通？從網路層的邏輯觀點，只要知道 LAN 上的電腦的 IP，就可以互通，根本可以不管實體層的細節。如前所述實際上能互連的是網路卡，接收端 IP Address 有一個對應的 MAC Address，傳送端會將其填到訊框的 Destination MAC。如此一來子網路上有相同編號的網路卡就能知道要接收此訊框。

現在若某一部電腦的網路卡換掉了，亦即 IP Address 與 MAC Address 的對應不存在了，那其他電腦雖然知道該部電腦的 IP，但因為 MAC Address(也就是網路卡編號) 換了，因此訊框的 Destination MAC Addrss 會填成舊的，其結果當然是無法達到傳送目的。因為對方未收到，傳送端猜測的原因可能是對方的 IP Address 與 MAC Address 的關係不存在了，所以就發出 ARP (Address Resolution Protocol，位址解析協定) 封包的廣播，詢問目的端的電腦的某 IP Address 的 MAC Address 有那一個節點知道？一旦收到回應，就填到 Frame 的 Destination MAC Addrss，這樣就又能互通了。

ARP 是以廣播方式詢問出某 IP 的對應 MAC Address 的一種協定。那 ARP 協定的運作方式，可以說是區域網路的運作不可或缺的基石，實際上，子網路上的預設閘道也會發出 ARP 廣播封包，詢問某 IP 的 MAC Address，有該 IP 的電腦收到後就會回應其 MAC Address。閘道器收到回應後就記錄在其 ARP 表內。前節已說，路由器的預設閘道是子網路的成員之一，也就是閘道器藉由這種機制收集到子網路中所有節點的 IP Address 與 MAC Address 的對應。如此一來，藉由 ARP 協定，當路由器要藉由閘道器將封包送至子網路的某個 IP Adress 時，如果不知其 Destnation MAC Adress，會先發出 ARP 廣播封包，該電腦收到 ARP 廣播封包，知道是詢問自己的 MAC Address，因此就傳回 ARP 回應封包告知其 MAC Address 。

同樣的機制最終區域網路上的電腦節點都會知道同一子網路的所有 IP 的對應 MAC。即使網路卡換了，過一段時間，也會再被探知。使用者根本不需要設定網路卡的 MAC Address，這就是網路分層負責的優點。APR 檢定是 LAN 運作的基石，有一些資安攻擊即利用 ARP 的特性發動瞬間大量的 ARP 廣播封包，造成服務被阻絕 (Denial of Service)。

區域網路的所有節點構成一個實體子網路，連接至路由器的接口，再接至 Internet。因為是以實體位置區分的子網路，在應用時缺乏彈性，因此有虛擬子網路技術 (Virtual LAN) 的提出。透過交換器與路由器的軟硬體設定，可以構成虛擬子網路。VLAN 的目的是將具有類似目的但跨地理位置的節點 (Node) 組成一個子網路廣播群組，例如將彼此間話務 (traffic) 約占 80% 的那些節點組成一個子網路。

傳統共享媒體式 (Share-Media) 的網路，例如 Bus，其頻寬為所有節點 (Node) 所共享，而交換器能讓每個節點擁有專屬的頻寬 (Dedicated Bandwidth)，所以區域網路 (LAN) 目前大都以交換器建構。但是，在一個擁有眾多節點的交換式網路中，若遇到 IP 廣播封包，則會廣播給所有埠口的節點，太多的廣播依然會佔用太多的頻寬，這對於網路效能將造成很大負擔，這是因為同一個子網路是在同一個廣播領域 (Broadcast domain)，而交換器接在路由器的一個介面接口，所以整個是一個廣播領域。

VLAN(虛擬網路) 藉由將網路切割成較小的網路區段 (Segment)，以縮小廣播封包影響的範圍，藉由切割實體網路而形成數個不同的 VLAN，可有效減少封包流量並且避免封包碰撞機會。運用交換技術可建立虛擬子網路，在同一虛擬子網路 (Virtual LAN) 中，節點間是以交換方式 (switching) 傳輸封包，跨 VLAN 時才以路由方式 (routing) 傳輸封包。如此可以有效地提高網路的效能，並且區隔出子網路，藉此到資安的目的。虛擬網路可跨越位置限制，當使用者座位異動時，仍可將新位置設定在為原先所屬的虛

擬子網路內，而在硬體設置上根本不需更動。如此可將網路規劃化繁為簡，大大減輕網路管理者的負擔。

VLAN 有許多種設定方式，以下只先列出兩種，顯然還有其他更彈性的規劃方式。

1.　Port Based：以交換器的埠口 (port) 為設定基礎，可設定若干埠口組成一個 VLAN。一個埠口也可設定屬於多個 VLAN。

2.　MAC Address Based：管理者在網管軟體上設定某些 MAC 位址屬於同一個虛擬子網路。由於每個 IP 位址節點都有唯一 MAC 位址，依此方式可獲得高度的安全性 (security) 及可靠性 (reliability)，因為可避免使用者任意更改自己主機的 IP 位址。以下圖展示 VLAN 的設定。

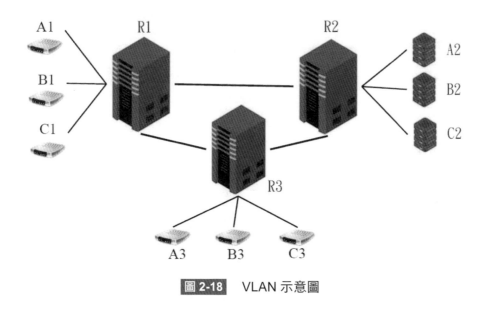

圖 2-18　VLAN 示意圖

上圖的設備，R1、R2、R3 為交換路由器 (switch/router)。A1、B1、C1，A2、B2、C2 為 PC 工作站，A3、B3、C3 為 Server。因為話務互動頻繁，

將 A、A2、A3 設為同一個 VLAN，B1、B2、B3 為第二個 VLAN，C1、C2、C3 為第三個 VLAN。

交換路由器提供基於政策 (policy-based)VLAN 的設定功能，可以讓網路管理者依照實際狀況規劃 VLAN，除了以交換器埠號 (port #)，用戶網路卡編號 (MAC address)，做為規劃之外，網路協定類型 (Protocol type)，網路層位址 (例如 IP subnet) 也可以做 VLAN 分組。每一部工作站或服務器或 IoT 裝置及設備即使在不同的地理位置，也依其工作任務之特性設定為不同的 VLAN，這可以有效地將不需規劃在同一子網路節點區隔開來，如此一來只要在 Router 上進行資安設定即可。

2.4　無線區域網路技術

WLAN 可以廣泛的指涉任何無線區域網路，不論使用什麼技術。Wi-Fi 可看做是一種遵循 IEEE 802.11 標準的 WLAN，目前大部分的 WLAN 都是此類。但 WLAN 技術還有 ZigBee 與藍芽，它們可看做是 PAN(Persunal Area Network)。

Zigbee 技術概觀

Zigbee 是一種短距離、架構簡單、低功率消耗之無線通訊網路技術，其傳輸距離約為數十公尺，使用 ISM 免授權的 2.4GHz 與 900MHz 頻段，傳輸速率為 10K 至 250Kbps。所謂 ISM 頻段是開放給產業、科學及醫學的頻段。Zigbee 具有以下幾個優點：(1) 省電：電池有 6~24 個月的使用時間。(2) 可靠度高：資料傳輸後會進行確認，此提高了資料傳輸之可靠度。(3) 高度擴充性：Zigbee 最多可擴展到 255 個節點。

ZigBee 使用 802.15.4 媒體存取層與實體層的技術規範，具有以下的特性：

(1) 有三種頻段共 27 個通道並提供三種資料傳輸率，包括在 2.45GHzISM 頻段有 16 個通道，資料傳輸率為 250kbps，在 915MHz 頻段有 10 個通道，資料傳輸速率為 40kbps，在 868MHz 頻段有 1 個通道，資料傳輸速率為 20kbps。

(2) 低功率消耗，主要是因為資料傳輸率低，傳輸資料量少，極短之執行週期，並且有睡眠模式。

(3) 無線網路之拓樸結構可選用星狀、點對點 (peer-to-peer) 或叢集樹狀 (cluster tree)。

(4) 支援低延遲的設備。

(5) 支援 16 位元短位址和 64 位元延伸位址兩種定址方式。

(6) 使用類似於 IEEE 802.11 之 CSMA/CA 之碰撞避免機制。

(7) 具有鏈路品質指標 (link quality indication, LQI) 功能。

ZigBee 低功率、低成本及低耗電性的優點是開發一個嵌入式系統應用所需具備的重要元素，這使得 ZigBee 在 WLAN 的蓬勃發展下仍具有不可取代的地位。ZigBee 協定堆疊如下圖所示：

應用層	使用者定義	
應用介面層	IEEE 802.15.4	Zigbee 聯盟
網路 / 安全層		
MAC 層		
PHY 層		

圖 2-19　ZigBee 無線通訊協定堆疊圖

● **實體層 (Physical, PHY)**

　　ZigBee 的實體層負責啟動和停止無線電之發射與接收、選擇通道、功率偵測以及訊框電子訊號波形編碼和解碼等功能。IEEE802.15.4 的無線傳輸有 915 MHz 和 2450MHz 等三個頻段，分別提供 20kbps、40kbps 和 25kbps 三種資料傳輸率。其中 868MHz 與 915MHz 分別適用歐洲與美國地區，2.45GHz 頻段則適用於全球。ZigBee 的頻段與相關特別參數以及使用的調變技術整理如下表。

表 2-2　ZigBee 使用頻帶及其參數與調變技術

頻段 MHz	頻率範圍 （使用地區） MHz	通道 數目	DSSS 展頻參數		資料傳輸率	
			細片率 k chip/s	調變	位元速率 kbps	鮑率 K sym/s
868	868~868.6(歐洲)	1	300	BPSK	20	20
915	902~928(美國)	10	600	BPSK	40	40
2450	2400~2483.5(全球)	16	2000	OQPSK	250	62.6

資料來源：謝慶堂，2005，Zigbee 技術與展望

● **MAC 層 (Medium Access Control)**

　　ZigBee 的媒體存取控制層負責信標 (beacon) 的管理、通道接用 (Access)、保障時槽 (guard time slots,GTS) 的管理、訊框傳送、訊框驗證、聯結建立 (association) 與終止 (disassociation)。IEEE 802.15.4 支援全功能 (FFD,full function device) 及精簡功能 (RFD,reduced function device) 兩類的裝置，全功能裝置可支援任何網路拓樸架構，可擔任網路協調者 (PAN coordinator)，並可與所有其他裝置通信。減縮功能裝置只存在於星狀拓樸中，雖然容易實作但只能與網路協調者通話，不能成為網路協調者。減縮功能裝置的好處是易於實現。

　　IEEE 802.5.4 網路主要有兩種拓樸，一種星狀拓樸，如下圖 (a) 所示，
多個裝置圍繞著一全功能裝置為中心，此全功能裝置扮演網路協調者，它
就像集線器 (hub) 匯集了多個全功能或精簡功能裝置。另外一種為點對點
(peer-to-peer) 拓樸，如下圖 (b) 所示，網路裝置不必一定要與網路協調者連
接，點對點拓樸網路中的全功能裝置可以進行多向通訊鏈結，而精簡功能
裝置只能與全功能裝置進行鏈結。多向的通訊鏈結讓點對點 (peer-to-peer)
可以擴充成網狀 (mesh) 和叢集樹狀 (cluster tree) 等形式。

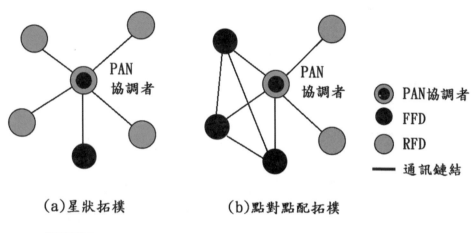

(a)星狀拓樸　　　　　　(b)點對點配拓樸

圖 2-20　WPAN(wireless personal area network) 網路拓樸型態圖
資料來源：謝慶堂，2005，Zigbee 技術與展望

　802.15.4 有三種資料傳送模式：

1. 裝置至協調者

　　對於有信標之網路，裝置須先取得信標並與協調者進行同步，且是
以 slotted CSMA/CA 方式傳送資料。在無信標之網路，裝置則利用
unslotted CSMA/CA 方式傳送資料。

2. 協調者至裝置

在有信標之網路，協調者藉由信標中的欄位告知裝置有資料要傳送。
裝置會週期性監聽信標，如果本身就是協調者所要傳送的對象，則該
裝置會利用 slotted CSMA/CA 將資訊請求訊息傳會給協調者。若協調
者有資料要傳送，則利用 slotted CSMA/CA 將資料送出。在無信標之
網路，裝置利用 unslotted CSMA/CA 方式傳送請求訊息給協調者，若
協調者有資料要傳送，則利用 unslotted CSMA/CA 方式將資料送出。
如圖所示。

3. 裝置 (協調者) 至裝置 (協調者)：前述兩種運作方式的結合。

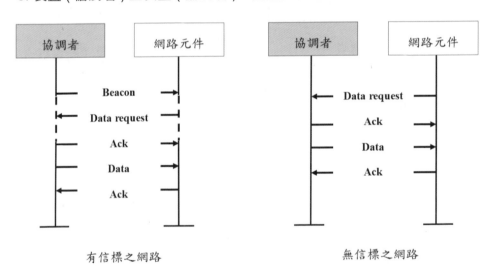

圖 2-21　ZigBee 之協調至裝置的資料傳送模式

資料來源：謝慶堂，2005，Zigbee 技術與展望

● 網路層

ZigBee 網路層實作聯結 (join) 與離開 (leave) 網路的機制，以及訊框
安全機制。網路層的任務還包括 PDU 傳遞路徑的發掘與維護，因此它必須
知道鄰近有哪些裝置，也就是要儲存這些相鄰裝置的資訊。ZigBee 網路的

協調者負責初始網路的建立和指定位址給其他的裝置。ZigBee 網路層支援星狀、樹狀和網狀三種拓樸結構。在星狀拓樸中，所有裝置只與單一的協調者通信，在樹狀網路中，資料及控制訊息是透過階層 (hierarchical) 的方式傳輸，在網狀拓樸中則允許所有的 peer-to-peer 通訊。ZigBee 網路層提供資料傳輸及網路管理兩種服務，並維護網路資訊庫 (network Information Base,NIB)

● APS 層 (Application Support sublayer)

APS 負責轉埠層的工作，運用網路層所提供的資料傳輸服務，支援 Zigbee 裝置物件 (Zigbee Divice Object, ZDO) 的管理服務與 Application Framework 的資料傳輸服務。多工 (Multiplexing) 是 APS 重要的特性，提供上層應用程式接用網路資料傳輸服務的 Endpoint 號，搭配網路位址，這樣就可在兩個通訊端點間達到多工傳輸的目的。如此可讓多個應用程式能以排程的方式使用 APS。

● 應用層 (Application Layer)

應用層主要包含應用框架(Application Framework)與 ZDO 層 (ZigBee Device Object)。ZDO 負責建構應用程式所需的資訊、發出或回應聯結的要求，發現同一個網路上的裝置與應用服務、以及提供安全管理。

藍芽 (bluetooth) 技術概觀

藍芽是一種無線短距離的傳輸技術，最初的設計理念是為了使行動電話、筆記型電腦、PDA 等裝置能藉由藍芽技術互相連線，取代原本設備互連時的有線方式。如此一來可讓不同廠商的裝置能透過統一的標準進行通訊，打破設備間短距離傳輸的互通性 (Interoperability) 問題。藍芽技術是由

SIG 的九名成員發起，包括：Ericsson、Nokia、BM、Intel、Tosa、3Com、Lucent、Microsoft 和 Motorola 等。目前 SIG 的成員已成長到 1800 多個，遍及在各種不同的領域。

藍芽通訊協定同時支援了電路交換 (circuit-switching) 與封包交換 (packet-switching) 兩種模式。傳送語音時採用電路交換，而傳送數據時則使用封包交換技術。藍芽使用跳頻 / 分時半雙工 (frequency hopping/time-division duplex 簡稱 FH/TDD) 的通訊機制，傳輸範圍可從 10 公尺到 100 公尺，依傳輸功率而定。

● 藍芽的技術特性

藍芽建立連線的方式是使用無基礎架構之隨意模式 (Ad-Hoc mok)，也就是每個裝置自行搜尋週遭有哪些裝置，然後再與之建立連線，完全不需要任何基地台做為中介轉接點，這是裝置與裝置之間的點對點通訊方式。具備藍芽通訊能力的設備可以分為主控端 (master) 與受控端 (slaves)，前者可以主動偵測其它的裝置故稱為主控端，受控端若要與它通訊，就必須自行調整頻道。一個主控端最多可以同時與七個受控端通訊，所構成的小型通訊網路稱為「微網路 (piconet)」。主控端設備之間也可以相互連接，形成一個「發散網 (scattervnet)」，理論上藍芽最多可以由 100 個微網路構成一個發散網，然後在整個發散網路內傳送資料。

● 藍芽的通訊協定架構

藍芽技術有一套完整的通訊協定堆疊 (protocol stack)，在藍芽官方網站 (http://www.bluetooth.com/) 上，可以下載到完整的藍芽規格書。從最底層的射頻層 (Ratio) 到基頻層 (Baseband)，再到 LMP(Link Manager Protocol) 以 及 L2CAP(Logical Link Control and Adaptation Protocol) 與 SDP(Service

Discovery Protocol)，這幾個部份是所有規範都會用到的，稱為藍芽核心協定 (bluetooth core protocols)。由於 Bluetooth 運用態樣相當多元，因此協定也相對的複雜。藍芽的系統架構可分為軟體與硬體部分，以 HCI(Host Controller Interface) 做為區分層，HCI 以下稱為硬體部分，包含 Radio、Baseband、Link Manager 等；HCI 以上稱為軟體部分，包含 L2CAP 以及一些上層協定。

　　藍芽的無線電頻段是 2.4GHz 的公用頻段 (ISM band)。射頻層位於整個協定層最底層，處理無線電的相容性、調變 (modulation)、發射功率的控制以及電磁干擾的規範。藍芽使用跳頻展頻通訊技術，也就是頻率會一直改變，而不是使用一個相同的頻率。因為頻率快速的不斷切換，對於同頻干擾有一定的抵抗能力。藍芽使用分時半雙工的通訊機制，主控端在偶數時槽 (time slot) 時送出資料，受控端則進行監聽，於下一個時槽則改由受控端發送資料主控端監聽，時槽切換頻率為 1600 slots/sec。藍芽將 2.4GHz 通訊頻段切割成 79 個 1MHz 頻寬的頻道，資料使用這 79 個頻道上交替傳輸。由於藍芽採用了跳頻的機制，因此在進入下一個時槽時會使用另一個頻道上。頻道的跳躍序列 (hopping sequence) 是由主控端設備唯一位址 BD_ADDR 計算出來的。

　　基頻層負責訊框的處理與儲存，包括跳頻機制，硬體線路與模組的設計，連線過程，分時半雙工的細節，PDU 的設計，以容錯及安全機制的規範等。基頻層位於射頻層之上，鏈結管理層 (Link Manager) 之下，基頻層收到來自鏈結管理層的訊號或指令之後，經過處理後去控制射頻層的動作，上層的資料經過層層的處理到了基頻層之後，會做最後的處理以產生基頻封包資料單元 (BasBand Packet Data Unit，BB_PDU) 最後再由射頻層傳輸出去。BB_PDU 的格式如下圖所示：

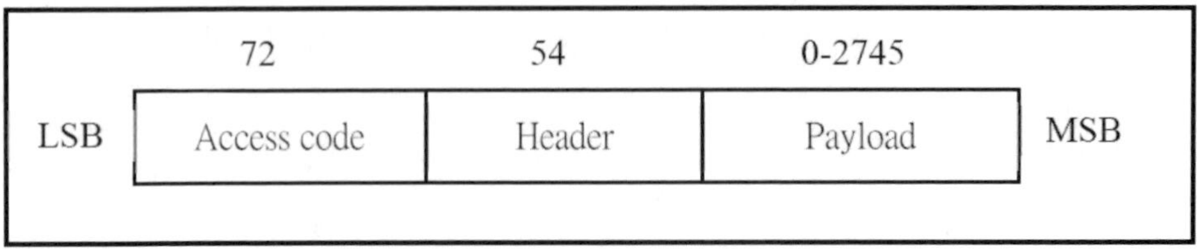

	72	54	0-2745	
LSB	Access code	Header	Payload	MSB

圖 2-22　基頻封包資料單元

　　上圖中的 Access code(接取碼) 最大的功能就是用來分辨 PDU 是屬於哪一個微網路的。Header(標頭) 中又分成許多欄位，其中有欄位可以用來指定把 PDU 傳給微網路內的某個裝置，也有欄位可以用來指明是哪種傳輸模式，標頭也包含了回應 (Ack) 及序號 (Sequence) 欄位。上層 PDU 傳到基頻層之後就打包在酬載 (Payload) 內傳送。

　　HCI 的功可以用下圖來做說明。藍芽裝置可分為主機 (Host) 以及藍芽模組 (bluetooth module) 兩部分，它們分別所包含的元件也如圖所示。兩者之間則以 HCI 來做連接，左邊的主機機 (host) 可看做一般電腦之類的終端裝置，右邊藍芽模組則是基於藍芽晶片所建置的模組。

　　藍芽規格書定義了許多指令可以控制藍芽模組中的各個硬體層，因此最上層的應用程式只要透過 HCI 驅動程式即可將指令傳送至藍芽模組。HCI 驅動程透過實體介面將資料往下送到 bluetooth module 去，主控端並不用管是用什麼實體介面來傳，連接的實體介面可以是 USB、UART 或 RS-232，在藍芽模組端有 Host Controller 負責接收，這樣設計的好處就是即使電腦沒有內建藍芽裝置，只要在電腦上安裝實體介面的驅動程式 (physical transport layer driver)，例如 USB 或 RS-232，一樣可以使用藍芽的功能。

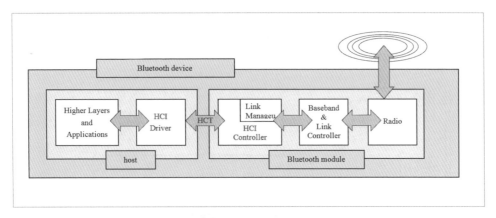

圖 2-23　藍芽整體架構

資料來源：郭禹成，2003，藍芽實驗平台之設計與實作

2.5　WiFi 無線區域網路技術概觀

　　所謂的無線區域網路 (Wireless Local Area Network / Wireless LAN，以下簡稱 WLAN)，是站台 (station)，例如手機與筆電或電腦結合無線網路卡 (Wirless Card) 就是站台，結合基地台 (Access Point，以下簡稱 AP) 就構成一個區域網路連結；若 AP 再透過外部接取線路 (如 ADSL、專線) 即可連接至網際網路。無線區域網路與傳統的乙太網路 (Ethenet), 在概念上並沒有很大的差異，只是無線區域網路將通信通道從有線傳輸轉變成無線傳輸方式。WLAN 具備有線網路所缺乏的行動性，之所以稱其是區域網路，是因為 AP 基地台與站台之間無線電功率涵蓋範圍有限制，所以必須要在一定區域範圍之內才可以互連。

　　涵蓋範圍可以有一百公尺之遠；目前的無線區域網路以 IEEE 802.11 標準為基礎，稱為 Wi-Fi 網路。常見的「雙頻」無線網路卡，是指可支援 IEEE 802.11ab/g 三種規格的網卡。由於是高整合度的單晶片設計，不但體積小，電量需求也低，帶動了各種創新設計與應用。

IEE802 網路協定組與 TCP/IP 的資料鏈路層 (DLL) 的對應關係如下圖所示

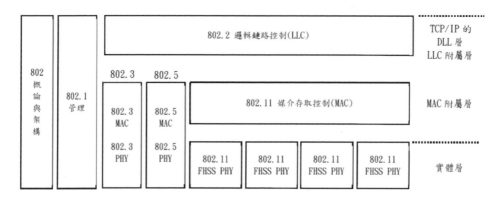

圖 2-24　IEEE 802 網路協定家族與 TCP/IP 之 DLL 的關係

Wi-Fi 目前有 3 種常用的 IEEE 802.11 標準，如下表所示。

表 2-3　無線區域網路 Table2-3 IEEE 802.11 標準

編號	所使用之頻寬帶	傳輸速度	傳輸距離	802.1b 之互換可行性	使用範圍 屋內	使用範圍 屋外
802.11a	5.2GHz	6~54Mbps	20m (54 Mbps) 90m (6 Mbps)	不可	可	不可
802.11b	2.4GHz	1/2/5.5/11 Mbps	50m (11 Mbps) 180m (1 Mbps)	—	可	可
802.11g	2.4GHz	6~54Mbps	20m (54 Mbps) 90m (6 Mbps)	可	可	可

WiFi（Wireless Fidelity），可使個人電腦、PDA、智能手機等終端裝置以無線方式互相連接。WiFi 品牌，由 Wi-Fi 聯盟（Wi-Fi Alliance）所持有，目的是改善基於 IEEE 802.11 標準的無線網路產品之間的互通性。WiFi 的環境設置需要至少一個 AP(Access Point) 和一個或一個以上的客戶端站台。AP 每 100ms 會將 SSID（Service Set Identifier）經由信標封包 (beacons) 廣播一次，傳輸速率是 1 Mbit/s。因為資料長度相當的短，所以這個廣播動作對網路性能的影響不大。所有的站台都能收到這個 SSID 廣播信標，並且決定是否要和這一個 SSID 的 AP 連接。一個站台若同時偵測到多個，可以選擇要連接到哪一個 SSID。Wi-Fi 系統支持漫遊，這是 WiFi 的好處之一。

802.11 有兩種服務型態，分別是 BSS(Basic Service Set) 與 ESS (Extended Service Set)。BSS 以一個 AP(Access Point) 做為基地台 (Base station)，如前所述與其連結的行動裝置叫站台 (station)，如下圖所示

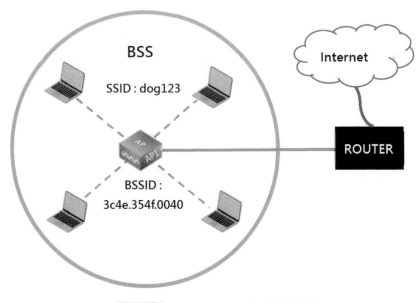

圖 2-25　802.11 BSS 的服務型態

　　SSID(Service Set Identifier) 是 WiFi 無線網路的名稱，BSSID(Basic Service Set Identifier) 則是 AP 的 MAC 位址。前已提過 AP 會週期地，例如每隔 100ms，將 SSID（服務標識）經由信標（beacons）封包廣播出去。

　　BSS 可以獨立運作，但若要連接到網際網路必須透過路由器 (Router)。另外，如果整合 DS(Distribution System) 與 802.1Q Trunk 協定，就可以讓一個 SSID 對應到一個 VLAN。如下圖所示：

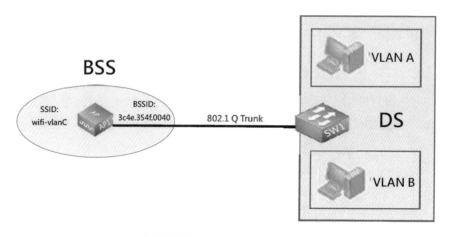

圖 2-26　　BSS 構成 VLAN

(from https://networklessons.com/cisco/ccna-200-301/wireless-lan-802-11-service-sets)

　　一個 WiFi AP 也可以擁有多個 SSID，此稱為 VAP(Virtual AP)。VAP 的一個 WiFi AP 會虛擬出多個 BSSID，作法是從原本的 MAC 位址往上加 1。這些 VAP 也可以對應到不同的 VLAN，這樣我們就可以虛擬出多個不同的子網路，並給予不同的用途和服務品質，也就是可以設定不同的網路組態，例如流量、安全性、頻寬等。

　　ESS 就是以多個 AP 連接形成一個比較大的無線網路，但對站台來說，整個大的網路只有一個 SSID。如下圖所示，

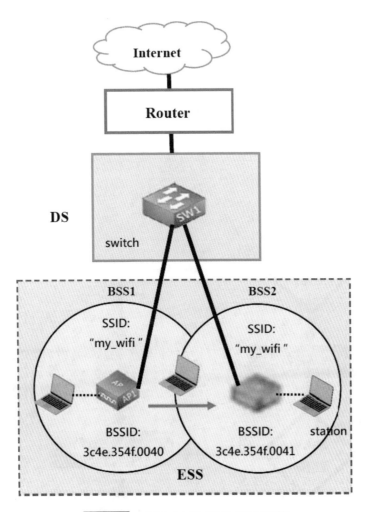

圖 2-27 802.11 的 ESS 服務型態

　　ESS 有 2 個必要條件：(1)BSS 必須是相鄰 (有交疊範圍)，(2)BSS 有網路互相連線，例如透過交換器。如此，ESS 的主要功能換手 (handoff) 才能實現。所謂換手是當裝置在相同 ESS 下但在不同 BSS 範圍內中移動時，可不必重新連線就即可以繼續傳輸資料。換手程序會由原本服務的 AP(BSS 1)，將使用者的資料轉傳到換手目標的 AP(BSS 2)，資料流程為：BSS1-

>DS->BSS2->Sation，因此，兩個 AP 之間必須連線，而且切換時間也不能太久。

　　IEEE802.11 MAC 子層完成參個功能：(1) 接用控制 (Access Control) (2) 安全性 (3) 可靠的資料傳輸。其中接用控制 (Access Control) 機制如下圖所示，

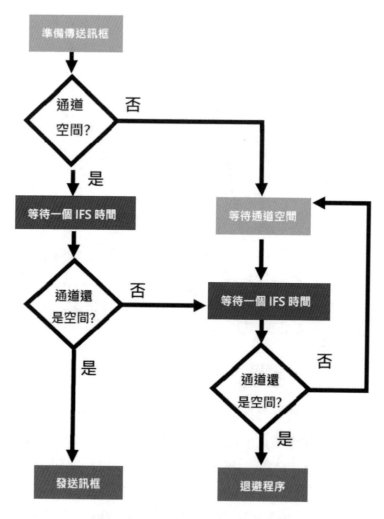

圖 2-28　802.11 MAC 子層的接用控制

上圖的動作說明如下。

1. 當一個站台 (station) 有訊框資料要傳送時，會去感測傳輸媒介 (medium)。若媒介無訊號 (idle)，會等一個 IFS 的時間再檢查是否仍空閒，如果是即送出訊框資料。

2. 如果感測到媒介忙碌中，也就是已有訊號在傳送就不傳送，但持續監測媒介直到當前的傳輸結束，也就是媒介空閒時。

3. 一旦媒介有空閒，站台會等待一個 IFS 時間，若媒介仍是空間則啟動退避程序 (back off procedure)，否則等待當前的傳輸結束後再啟動感測程序了。

4. 所謂退避程序，可以理解成站台會退避一個隨機時間並持續地感測媒介，如果媒介仍空間，站台即將可傳送訊框出去。

5. 如果在退避時間內，媒介變成忙錄則退避計時器會暫停並於媒介空閒後再重啟動。

6. 如果傳輸未成功，這可以從是否有收到回應 (acknowledgement) 決定。若收到，那麼站台就會假設發生了碰撞，因此就啟動資料訊框重傳程序。

早期的無線區域網路的安全機制，如下圖所示，有 WEP 與 802.1x。

與無線網路 AP
設定同一金鑰

設定同一金鑰

無線網路
AP

圖 2-29(a)　　WiFi 的 WEP 安全機制

圖 2-29(b)　802.1x 安全機制

　　WiFi 的安全機制的目的是其可防止未經授權的訪問。最基本的無線安全協議是有線等效加密（WEP），如上圖 (a) 所示它於 1997 年開始使用，由於存在一些安全疑慮已被宣佈棄用。WEP 後來被 Wi-Fi 保護接入（WPA）和 Wi-Fi 保護接入 II（WPA2 及 WPA3）所取代。WPA2 未來也即將被 WPA3 所取代。WPA3 使用的是更為安全的加密演算法，解決了由弱密碼所引起的一系列安全議題。

圖 2-30　WiFi 分享器

　　電腦要能上網，必須先要有一組可在網際網路上供其他電腦識別的 IP 位址。而當我們跟 ISP(Internet Service Provider) 公司，如中華電信，Seednet，台灣固網等申請網路服務時，如果只申請一個公開 IP 位址，那就只有一台電腦可以上網了。但以小型辦公室或家庭而言，通常需要 2、3 台電腦能同時透過一條網路上網，以節省網路資源。這時就需要使用 WiFi IP

分享器。顧名思義，IP 分享器可以分配 IP 給連上網的裝置，只是都是私有 IP。一般而言，IP 分享器可分出 253 個 IP，也就是最多可以有 253 台電腦同時上網。

　　一般家庭都是透過 ADSL 連接上網，如上圖所示。IP 分享器可處理撥號 (PPPoE) 連接至網際網路的工作，Wifi AP 具備路由器的核心功能，其中 DHCP 動態 IP 指派的功能，可以讓多台裝置分享一個公開 IP，所以也叫做 WiFi IP 分享器。

2.6 IoT 與 4G 及 5G 無線行動通訊系統

　　台灣的行動寬頻服務由中華電信、台灣大哥大、遠傳等電信公司所提供。行動通訊網路系統架構主要包括核心網路 (core network，CN)、骨幹網路 (backbone)、無線接用網路 (radio access network，RAN) 和用戶設備 (User Equipment，UE)。用戶設備是指使用者連接行動網路的設備，例如手機、筆記型電腦、伺服器和物聯網裝置等。無線接用網路 (RAN) 是指與基地台有關的電信設備，例如基頻單元 (Baseband Unit，BBU)、遠端無線單元 (Remote Radio Unit，RRU) 和天線等。核心網路由電信機房端的各種通訊設備與骨幹網路所構成；骨幹網路則大都是以光纖建構而成，能夠實現遠距離的機房之間的巨量數據傳輸。4G 與 5G 分別是指第四代與第五代行動通訊網路。4G 的核心網路稱為「演進式封包核心 (Evolved Packet Core，EPC)」，5G 的核心網路稱為「下世代核心 (Next Generation Core，NGC)」。下圖是一個無線行動通訊系統架構之示意圖。

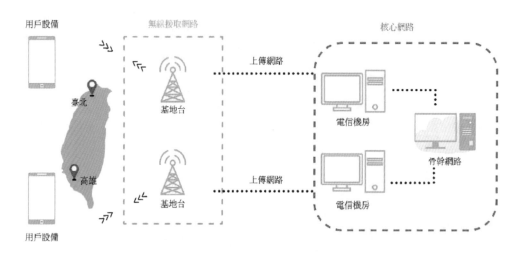

圖 2-31 無線行動通訊系統架構示意圖

　　4G 通訊系統使用 LTE(Long Term Evolution) 架構，此架構包含演進式通用陸地無線接取網路 E-UTRAN (Evolved Universal Terrestrial Radio Access Network) 與演進版封包核心 EPC (Evolved Packet Core) 兩大部分。演進式封包核心 (EPC) 是一種 基於 IP 協定的核心網路基礎架構。如下兩圖分別是 LTE 架構與 E-UTRNA 運作架構，後者是前者的一部分。

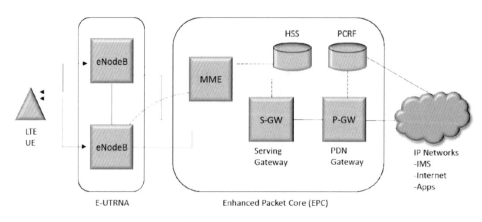

圖 2-32 LTE 架構

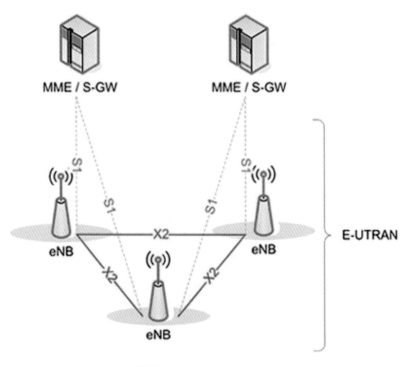

圖 2-33 E-UTRAN 運作架構

資料來源：3GPP

E-UTRAN 主要負責用戶設備 (User Equipment，UE) 經由基地台 (eNodeB，eNB) 無線接用 (radio access)4G 無線通訊網路時的無線媒體存取控制層與實體層的運作細節。如上圖所示，EPC 在設計上採用全 IP 的架構，由三個部分組成，分別是 MME(Mobility Management Entity)、HSS(Home Subscriber Server) 負責用戶鑑別 (authentication) 與授權 (authorigation)、S-GW(Serving Gateway) 和 P-GW(Packet Data Network Gateway) 及 MME 負責用戶的移動性管理、用戶身分認證、安全性管理、及處理控制訊息；S-GW 負責資料封包的繞送 / 轉送 (Routing/Forwarding) 與處理 eNB 之間的換手，也就是用戶由基地台 A 的服務範圍移動到另一個基地台 B 的服務範圍的移動錨定處理 (Mobility Anchoring)；P-GW 則是負責連接到網際網路的閘道功

能，例如 UE 的 IP 位址的分派與封包過濾。PCRF(Policy and charging Rule Function) 負責策略與計費規則的實施。

UE 使用 4G 服務基本上可以分成六大步驟，如下：

1. UE 在傳送數據 (Data) 之前會先與基地台 (eNB) 建立 RRC(Radio Resource Control) 連線，喚醒處於休眠狀態的資源與服務。

2. 連線建立後，UE 會發起服務請求，通知 MME 該用戶的鑑別訊息以及所需要的酬載器 (Bearer) 資源條件。

3. MME 收到請求後，通知 S-GW/P-GW 所要求的 Bearer 資源。

4. S-GW/P-GW 配置與變更所需要的 Bearer。

5. 變更 RRC 連線的組態。

6. UE 通知 MME，MME 通知 S-GW，S-GW 通知 P-GW 就目前的 Bearer 資源建立資料通道。

經過上述步驟後，UE 就可以開始傳輸資料。雖然根據使用情境的不同，流程細節會有差異，但整體流程就是：(1) 要求連線 (2) 根據需求配置所需資源 (3) 確認資源已備妥 (4) 傳送資料。

第四代行動通訊的主要發展目標是提高尖峰資料傳輸率 (peak data rate，PDR)、提高網路覆蓋邊緣區域的傳輸性能、降低系統延遲與連線設定的時間，而第五代行動通訊則進一步改進傳輸率與降低延遲。

2015 年國際電信聯盟 (International Telecommunication Union，ITU) 公佈第五代行動通訊新無線電 (5th Generation New Radio，5G NR) 發展規劃並著手制定第五代行動通訊系統的規範，稱之為「IMT-2020」。第五代行動通訊系統分成「非獨立」(Non-Stand Alone，NSA) 與「獨立」(Stand Alone，SA) 兩種模式。NSA 是指 5G 依附於 4G 的核心網路運作，也就是

控制相關工作事項 (Control Plane) 是藉由 4G 的核心網路完成，再由 5G NR 基地台完成用戶相關工作事項 (User Plane)。NSA 架構並無法達到 5G 系統原本對低時延、網路切片及行動邊緣計算上的性能要求。

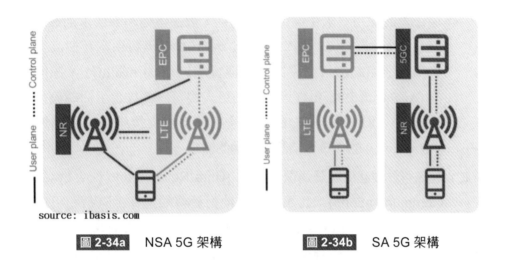

source: ibasis.com

圖 2-34a　NSA 5G 架構　　　　**圖 2-34b**　SA 5G 架構

獨立 (standalone，SA) 則是不論控制相關工作事項或用戶相關工作事項皆由 5G 獨立完成，可符合 5G 最初所設定的性能要求。NSA 與 SA 如上圖所示。

5G 網路的主要優勢在於資料傳輸速率遠高於第 4 代的行動網路，ITU 的目標是下行最高可達 20Gbit/s。5G 的另一項特點是網路時延低於 1 毫秒，而 4G 則為 30-70 毫秒。5G 網路不僅能為一般用戶提供服務的標準，也有能服務具有海量裝置的物聯網，例如每平方公里內約有 100 萬個裝置的通訊需求。5G 的擴展和支援度皆超越當前行動通信的各種使用場景和應用，並與這些場景和應用緊密結合。其使用情景可以包括以下三大類：

(1) **增強型行動寬頻 eMBB (Enhanced Mobile Broadband)**：高畫質的線上多媒體內容的下載及大量的上載數據使得對行動寬頻(MBB)

的需求持續增加，從而產生了對增強型行動寬頻 (eMBB) 的需求。增強式行動寬頻可涵蓋不同的使用場景，例如熱點 (hotspot) 和廣域覆蓋 (wide-area coverage)。熱點的應用主要在高用戶密度的區域，因其需要非常高的資料傳輸量，但對移動性的要求則較低。廣域覆蓋的應用要求中高速的移動性，數據傳輸率的要求則較低，但也非 4G 的數據傳輸率可應付。eMBB 聚焦對頻寬有極高需求應用，例如高解析度視訊，虛擬實境 (Virtual Reallity)、擴增實境 (Augmented Reality) 等等，滿足人們對於數位化生活的應用。5G 高達 10Gbps 以上的資料傳輸率甚至可支援應用於全息影像 (holography) 的大量影像訊號傳輸的需求。

(2) **超高可靠與超低時延通信 uRLLC (Ultra Reliable and Low Latency Communications)**：此類應用情境對於傳輸速率，時延和可用性 (availability) 等有嚴格要求。應用例子包括工業製造或生產過程的遠程無線控制，遠程醫療手術，智慧電網的配電自動化，以及無人車自駕安全等。uRLLC 聚焦對時延極其敏感的應用，例如自動駕駛／輔助駕駛、遠端控制等，滿足人們對於智能製造的應用需求。5G 可以支援 1 毫秒 (ms) 以下的資料傳輸延遲與高可靠度，比 4G 的 10 ms 快 10 倍以上，應用在工廠自動控制、環境與人員安全監控和車聯網等對數據需要即時反應的應用情境。

(3) **海量機器通信 mMTC(Massive Machine Type Communications)**：此應用情境的特徵在於連結非常大量的設備，但數據傳輸量相對低且不是延遲敏感 (non-delay sensitive) 的數據。對裝置的要求則是低成本且需有非常長的電池壽命。mMTC 應用於聯網裝置覆蓋密度要求高的場景，例如智慧城市，智慧農業，智能電網、智慧交通等等，滿足人們對於數位化社會的應用。mMTC 可以支援每平方公里 100 萬個以上的節點，所謂節點是指可以連接網路的通訊裝置，必須滿足低價格、低功耗和大範圍的特性。mMTC 節點的主

要通信技術包括 NB-IoT、LTE-M，以及 LTE-Cat 1，他們的比較如下表，

表 2-4　Mmtc 的無線通信技術

通信技術	NB-IoT	LTE-M	LTE-Cat 1
頻譜取得	需要授權 (Licensed Frequency)		
頻帶寬度	180KHZ	1.4MHZ	20
資料酬載長度	1600bytes	1600bytes	1600bytes
資料傳輸率 (Data rate)	250kbps	1Mbps	5Mbps
標準 3GPP			

總結 5G 的三大應用類型如下圖。

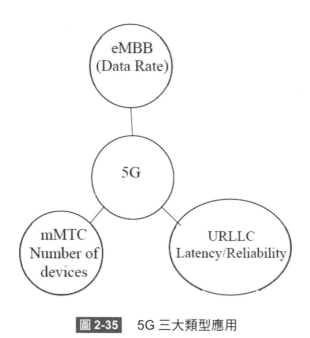

圖 2-35　5G 三大類型應用

　　5G 與物聯網的關係可以從其發展的兩個階段來討論。5G Phase I 使用無線電 3~6 GHz 的「中頻帶 (middle band)」，運用最新的數位調變與天線技術將資料傳輸率提升到 10 Gbps。2020 年開始，手機廠商已陸續推出 5G 智慧型手機，並且在 2021 下半年開始普及。

　　第五代行動通訊第二階段 (5G Phase II) 使用頻率在 20~60 GHz 的無線電又稱為高頻帶 (high band)」，也就是所謂的「毫米波 (mm wave)」，利用超大頻寬可以將資料傳輸率進一步提升到 20 Gbps。毫米波的電磁波指向性高，而且毫米波容易在傳輸過程衰減，因此傳輸距離很短。主要的應用不是手機，而是散布在全世界的所有連網裝置，包括汽車、監視器、紅綠燈和感測器等，這一個階段完全是與物聯網 (internet of things，IoT) 的發展契合的。但在過渡期間是以 NB-IoT、LTE-M 等為替代技術，因此在討論 5G 時，也會對這兩種技術進行討論。

2-5　HTTP 與 MQTT 應用層協定

　　網路應用程式之間需要對 Data 或 Message 有共同理解，也就是要有共同的規範與格式。共同遵守規範就稱為應用層協定，軟體工程師就基於應用層協定開發網路應用程式。HTTP、FTP、SMTP、POP3、SNMP…等都會是常用的應用層協定。HTTP Server v5 HTTP client 與 TCP/IP 的關係如下圖。

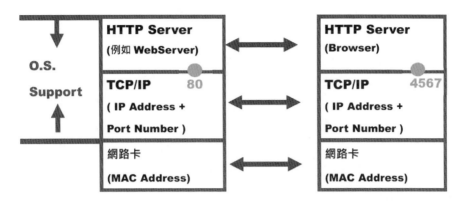

圖 2-36　HTTP Server 及 HTTP Client 與 TCP/IP 協定組的關係

　　HTTP 協定是一種客戶 - 伺服 (Client Server) 的架構，而且是由 Client 發出請求 (Reguest)，Server 收到請求，並解析訊息後，再回應 (Response) 至客戶端，如下圖所示，

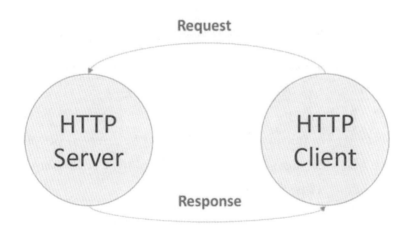

圖 2-37　HTTP 的 Reguest 及 Response 架構

　　Broweser 是最常見的 HTTP Client，Brower 實現 HTTP Client，Brower 實現 HTTP Client 的機制再加上具備有解釋 HTML document 的能力；而

Web Server 實現 HTTP Server 的機制再加上可執行動態網頁 (php、 ASP.NET) 的能力。

大部分的 HTTP Server 都是 Web Server。在 IoT 領域，HTTP client 則不見得是 Browse。

HTTP 協定規範 Request Message 、 Response Message 的格式，以及收到之後要做什麼處理。Message 包含標頭與酬載，表示成 Message=Header+Payload，HTTP 的 Request Message 與 Response Message 之組成結構如下圖所示，

HTTP的組成結構	
HTTP Request	**HTTP Response**
Request Headers	Response Headers
Request Method	Response Status
Request URL	Response Body
Message Body	

圖 2-38　HTTP 的組成結構

HTTP 的用戶端 (client side) 與服務器端 (Web Server Site) 的 Request 與 Response 訊息 (Message) 的標頭 (header) 內容藉由 Google Chrome 的「開發人員工具」就可以觀察到。操作步驟如下所描述：

1. 啟動 Google Chrome 後，選按右上角有三個排成直向的三個點的「自訂與管理」功能選單。

2. 選按「自訂與管理 / 更多工具 / 開發人員工具」，選擇「Network/All」頁籤。

3. 在網址列上鍵入「http://163.18.53.34/ex001.php?id=1234&dog =abc」可以看到以下的頁面，

4. 在 ex001.php 上按滑鼠右鍵，再選按「Headers」即可以看到 Response Headers 與 Request Headers，如兩圖所示，

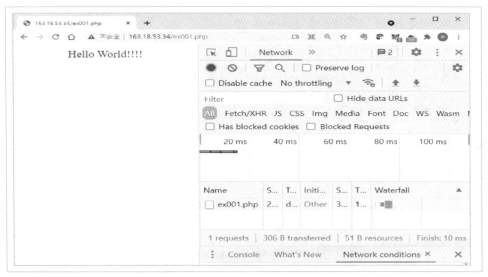

圖 2-39　HTTP 協定的發出 Reguest

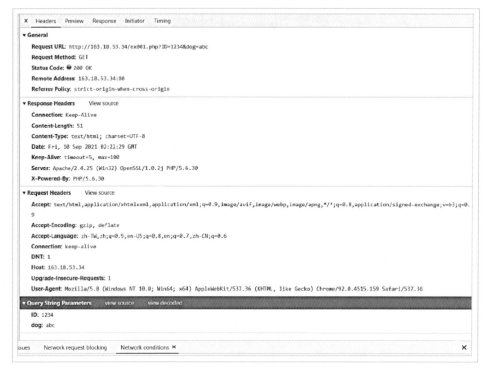

圖 2-40　HTTP 協定的 Header 內容觀察

在瀏覽器的網址列上輸入 http://163.18.53.34/ex001.php?ID=1234&dog=abc 後按 Enter 鍵就是發出 Request，要求下載 ex001.php 內容。位於 163.18.53.34 的 Web Server 就會將 ex001.php 所輸出的 HTML 字串回應到 Google Chrome 瀏覽器，這就是 Response。ex001.php 的輸出 HTML 字串內容為「<center style='color:red;'>Hello World!!!!</center>」，瀏覽器收到此 HTML 字串，經過解讀之後就在頁面呈現出下圖的內容：

圖 2-41　瀏覽器解讀 Response 的文件

　　Request 與 Response 訊息都包含了 Header 與 Body 兩部分。以 Request 來說，Header 的 User-Agent 欄位的內容是告訴 Web Server 用戶端瀏覽器的執行環境，Accept-Language 是瀏覽器向 Web Server 宣稱其所支援的語言類型，zh-TW 表示繁體中文。Request 的 Body 欄位是從瀏覽器要送到 Web Server 的資料。Body 欄位可以先認為是「Query String Parameters」頁籤的「ID:1234 與 dog:abc」，其實就是網址 (URL) http://163.18.53.34/ex001.php?ID=1234&dog=abc 中的 ID=1234&dog=abc。

　　以 Response 來說，Header 的 Content-Length 表示從 Web Server 所傳送之內容的字元數，「<center style='color:red;'>Hello World!!!!</center>」總共有 51 個字元，所以 Content-Length 的值為 51；Content-Type 是表示所傳送的內容之格式與字元的編碼格式。Server 欄位是向瀏覽器說明 Web Server 的執行環境。

　　從以上的討論，我們可以看到，如果使用 HTTP 協定做為 IoT 系統的資料傳輸協定會浪費網路頻寬，主要是 Reguest 與 Response 訊息的 Header 所消耗的頻寬所造成的浪費。如下圖之示意圖，為了傳送一個溫度值的酬載 (Payload)，卻需要使用許多字元於標頭欄位。由此可知 HTTP 協定不適合做為 IoT 系統的資料傳輸協定。即使幾乎所有程式語言都有 HTTP Client Library 或 Package，IoT 系統一般不傾向採用 HTTP 協定做為數據傳輸協定。

圖 2-42　HTTP Header 的 Querhead

　　在 IoT 應用場域需要採取另一選項以減少感測器設備與伺服器之間的大量網路頻寬消耗。解決方案之一是使用邊緣分析法以減少傳輸到物聯網服

務器上的原始資料集的總量，即便是在簡單的硬體嵌入系統例如 Raspberry Pi、Arduino，也可以實現邊緣分析法。另一個解決方案是使用羽量級的通訊協定，例如 MQTT。

MQTT 是由 IBM 與 Eurotech 於 1999 年發明的通訊協定。MQTT 是 Message Queueing Telemetry Transport（訊息佇列遙測傳輸）的簡寫，現在大都不用這種說法，都直接稱為 MQTT。MQTT 的主要目的是為了符合網路頻寬窄和電力需求少的應用情境，例如提供石油管線感測器和人造衛星之間一個非常輕量、可靠的應用層通訊協定。2011 年 11 月，IBM 和 Eurotech 將 MQTT 協定捐贈給負責管理開放原始碼專案的 Eclipse 基金會。2014 年十月，MQTT 正式成為一個開放的 OASIS 國際標準（Organization Advancement Structured Information Standards)。MQTT 協定的訊息格式很精簡，非常適合應用於運算資源及網路頻寬有限的物聯網裝置。另外已經有一些開放原始碼的 MQTT 伺服器，另外也有許多 MQTT Client 函式庫存在，包括應用於 MCU 的 C/C++ 函式庫、Python 函式庫，JavaScript 函式庫，…等等。MQTT 函式庫使得物聯網設備與機器之間（Machine-to-Machine, M2M）的 MQTT 訊息溝通的實作變得非常容易。MQTT 可以說是已經變成 OASIS IoT 傳訊的業界標準 (De Facto Standard)。

MQTT 元件的互動是使用命令 (Command) 與命令回應 (command acknowledgement) 的機制，也就是每個命令發出都要收到對方的回應才算完成互動，如下圖所示，下圖是 MQTT 用戶端與 MQTT 服務器端的互動方式。

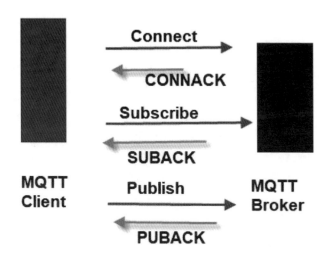

from : http://www.steves-internet-guide.com/mqtt-works/

圖 2-43　MQTT 的命令 - 回應模式

　　與 HTTP 相同 MQTT 也是基於 TCP/IP 的應用層協定，使用發佈 / 訂閱模式。有三種角色，分別是服務器 (Server 或稱 Broker)、發佈者 (publisher)、以及訂閱者 (subscriber)，後兩者也稱為客戶端 (client)。客戶端可以同時為發佈者與訂閱者。訂閱者必須事先訂閱某主題的訊息，而且當發佈者發佈主題到服務器後才會收到訊息。

　　在發佈者以以主題路徑 (topic path) 方式發佈訊息至代理者，代理者則將訊息發送至該主題的訂閱者。MQTT 的 publish/subscribe 模式如下圖所示：

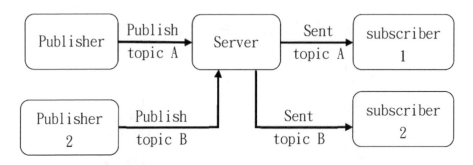

圖 2-44 MQTT 的 Publish-Subscniber 模式

若 Subscriber l 與 Subscriber 2 事先已訂閱 topic A 及 topic B，則 Server 收到 topic A 與 topic B 時就會將訊息送至訂閱者 Subscriber l 與 Subscriber 2。

上述所列三個角色是靠 MQTT 控制封包 (MQTT Control Packet) 或稱為 MQTT 訊息進行溝通。MQTT 訊息包括 Header 與 Body，MQTT 控制封包由四個部分組成，前三個欄位為 Header，最後一個 Body 也就是 Payload。如下圖所示：

Message Type & Flags (1 byte)	Remaining Length (1~4 bytes)	Variable Header (0 ~ M bytes)	Payload (0 ~ N bytes)

圖 2-45 MQTT 的標頭

MQTT 的訊息型態 (MessageType) 總共有 16 種並使用伴隨的 Remaining Length 欄位來描述之後的 Variable Header 及 Payload 的位元組 (bytes) 總長度。「Variable Header」與「Payload」的總長度為 0~256M Bytes。「Variable Header」與「Payload」依 Message Type 的不同會有不同

的內容。部分 Message Type 及其各自對應的 Variable Header 與 Payload，以及是否需要這兩個欄位如下表所顯示。

表 2-5 Message 與 Payload 的對應

Message Type	Variable Header	Payload
CONNECT	Required	Required
PUBLISH	Required	Optional
SUBSCRIBE	Required	Required
PINGREQ	None	None
PINGRESP	None	None
DISCONNECT	None	None

MQTT 的主題名稱並沒有特別的規定，只要是 UTF-8 萬國碼的編碼之字串即可。然而，並不是所有的執行環境或程式語言都支援 UTF-8 編碼或中文字集，建議主題名稱 (topic name) 使用英文字集。一般我們會以類似檔案儲存路徑的階層式命名方式做為主體名稱，例如 BuildingA/office/temperature 或 Home/room_B/humidity

主題名稱 (Topic name)、Client ID、User Name 及 Password 都會被編碼成 UTF-8 的格式。主題名稱記錄在 Variable Header 中。Client ID、User Name 及 Password 則記錄在 Payload 欄位中。另外，不同於 HTTP 標頭採用文字敘述，MQTT 的標頭採用二元值 (binary) 編碼。總結 MQTT 訊息結構如下圖。

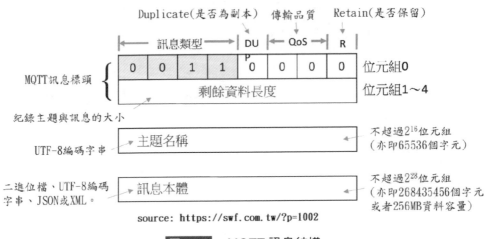

圖 2-46　MQTT 訊息結構

　　MQTT 的連線也可以設定為必須給定帳號與密碼，使用 Username/Password 鑑別可增加安全性，只有經過驗證的客戶端元件才能連接到代理服務器 (Server Broker)。帳號 / 密碼是在服務器上設定。以 Mosquitto 服務為例，是先在組態檔 Mosquitto.conf 中進行設定。如下：

```
allow_anonymouse false
password_file  userpassword
```

　　再以下列指令建立 username/password 的配對，例如設定 UserName/Password 為 Dogcat/LKK123456，指令如下：

mosquito_passwd –b Dogcat/LKK123456

　　當客戶端元件向 MQTT 服務器發出連線與發佈要求時，UserName 與 Password 會被記錄在 Payload 欄位中送往服務器，但所傳送的內容都是明文，仍然有被截取的可能。因此 MQTT 也支援 SSL/TLS 安全憑證與加密的安全機制。

要在 MQTT 服務器與客戶端元件之間啟動 TLS 憑證身份驗證與加密，必須在設定檔中進行 CA 的憑證、服務器私人金鑰 (private Key)，以及服務器之憑證的設定。以 Mosquitto 服務器為例，若設定檔儲存在 /etc/mosquito/mosquitto.conf，需要加入以下的設定，

```
port 8883
cafile /etc/mosquito/ca_certificates/ca.crt
keyfile /etc/mosquito/certs/server.key
cerfile /etc/mosquito/certs/server.crt
reguire_certificate true
tls_version tlsv1.2
```

在客戶端也要有類似的設定，只是因為客戶端元件會實現在不同的裝置上，所以設定方式有可能都不相同。

第三章

IoT 系統組成元素及其資安弱點

3.1 IoT 應用系統架構

　　IoT(Internet of Thing) 是物聯網的簡稱，這個名詞起源於美國 RFID 研究中心。物聯網的「物」(Things) 有兩個基本的特徵，第一個是要具有通訊能力 (Communicate)，另一個則是要可被識別 (Recognizable)。通訊能力讓「物」可將狀態或感測資料傳送到外部，也可接受外部傳送的訊息或命令。可被識別是指讓外部知道與之通訊的「物」之身份或來源，也就是在可互相識別的情況下運作。識別碼 (Identification)、位置、名稱等都可以做為識別依據。物聯網應用場域中，與「物」通訊的當然也是「物」，當連接的數量達到一定規模時，就是俗稱的「萬物相連」。

　　「具通訊能力」與「可被識別」是 IoT 物件的兩大基本特性，依照這樣的特性，幾乎具單晶片運算能力的裝置、設備、工作站、伺服器、行動裝置都是 IoT 物件。最基本的 IoT 物件是 RFID(無線射頻識別碼，Radio frequency IDentification) 上。因為 RFID 有唯一編碼，符合可被識別的特性；RFID 可將識別碼與數據以無線的方式傳送給 RFID 讀取器 (Reader)。

　　QR-Code 是 IoT 物件嗎？適當的問法是貼有 QR-Code 的物件是 IoT 物件嗎？ QR-Code 的原理是將訊息編碼在黑白樣式交錯的圖上，如下圖所示：

圖 3-1　QR Code 的範例

　　使用裝置掃描，例如手機，再由程式進行解碼，得到訊息後再產生對應的動作。從前述 IoT 物件的兩個基本特徵來判斷，「可被識別」的特徵 QR-Code 是具備的，因為可將唯一識別碼內含在編碼訊息中。「具通訊能力」的特徵則明顯不符合，因為 QR-Code 需要被動的掃描後解碼，而非其具有主動的通訊能力。但是因為 QR-Code 的應用非常廣泛，許多人也將 QR-Code 視為 IoT 物件並在建構 IoT 應用時納入輔助設計的重要元素之一。

　　在「可被識別」與「具通訊能力」上再加上「數據處理能力」，也就是加上「運算能力」就可以衍生出各種智慧型 IoT 物件。運算能力主要由處理器實現，談到處理器就不得不提到運算效能的高低。由低至高可以分為 MCU(微控制器)、DSP(數位訊號處理器)、MPU(微處理器)、GPU(圖型處理器)，以及 CPU(中央處理器)。物聯網系統的各個元素所需要的運算能力都不盡相同。物聯網場域裝置 (IoT Field Device)、物聯網場域閘道器 (IoT Field Gateway)、物聯網服務器 (IoT Server)、物聯網前端應用程式 (IoT Frontend Application) 所需具備的最基本的能力如下圖所示。圖中各元素之間的箭頭即表示物與物的資料與命令的傳訊，圖中也列出代表性的通訊協定或介面。

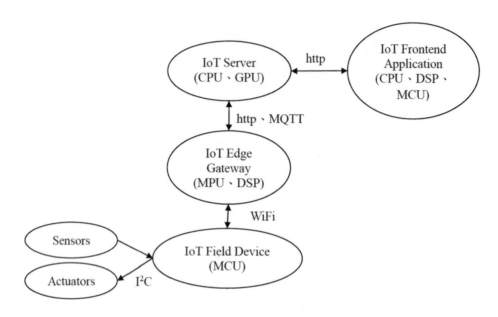

圖 3-2　IoT 系統的組成元素與最基本運算能力需求

　　IoT Frontend App 可以執行在手機、平板、工作站、瀏覽器網頁或是視窗應用程式。事實上，不論是 IoT Frontend App、IoT Server、IoT Gateway、IoT Device 都有程式代碼在處理器上執行，因此才需要有運算能力。程式編寫 (Coding) 是 IoT 領域的核心技能，程式代碼是 IoT 系統各元素的黏著劑，可以說無 Coding 即無 IoT 應用系統。

　　在討論物聯網時，一般都會使用三層架構，如第一章節所討論的。由於物聯網應用系統牽涉到許多元件，從使用者端到場域端，因此三層架構無法完整表達系統的組成元素之結構關係。與其說三層架構是表達物聯網的系統架構，倒不如說是表達物聯網技術的三大類別。在發想物聯網應用的解決方案時，必須有一個思考的基礎架構，基於此筆者提出了一個端點至端點 (Endto-End) 的物聯網應用系統的參考架構，如下圖。

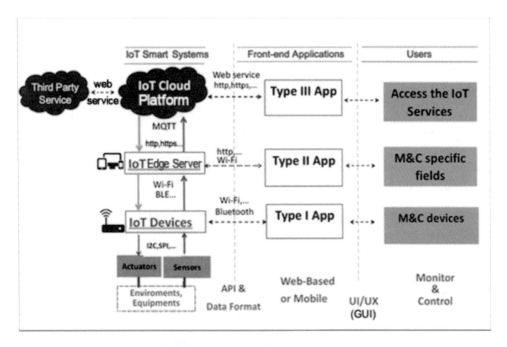

圖 3-3 完整物聯網系統參考架構

　　圖中最左方是 IoT 智能系統，包括 IoT Cloud Platform、IoT Edge Gateway、IoT Devices，這三者都具備通訊及運算能力，也就是能處理資料也能將資料往外傳送或接收外界的資料或訊息。對使用者來說，使用 IoT 系統主要有兩個目的，分別是監督 (Monitor) 與控制 (Control)，表現於上圖的右邊。依據監控範圍的大小，可以分成三種不同的應用情境，並有其對應的前端應用程式，包括 (1)Type I APP 用來直接與 IoT Devices 溝通，通常執行於手機 APP 或平板，所以監控範圍是近程，例如操作近距離的裝置或設備。(2)Type II APP 則是用來跟 IoT Edge Gateway 溝通，Type II APP 大都是執行於手機或平板的 APP，也可以是筆記型電腦應用程式，監控範圍雖然也是近程，但範圍可以擴大到家庭或工作間。(3)Type III 用來跟 IoT Cloud Platform 溝通，可以是基於瀏覽器的網路應用程式，也可以是手機或平板

APP 或 Windows Form 視窗應用程式，監控範圍為遠程也就是使用者看不到場域端。圖中各 IoT 系統元件之間也註明了溝通協定或資料格式，表示應用程式是基於這些協定的 Library 或套件 (Package) 進行軟體元件開發。

　　IoT Cloud Platform 的作用是資料匯集、處理、分析、提供功能與服務、呈現結果。IoT Cloud Platform 的功能之一是將資料轉化成資訊甚至轉化成智慧。人工智慧的機器學習 (Machine Learning) 工作一般就是實現在 IoT Cloud Platform 上，主要是因為 AI 模型訓練所需的運算資源需為伺服器級或基於雲端運算 (Cloud Computing) 的架構。IoT Edge Gateway 做為資料過濾或命令傳遞的閘道，扮演一對多的角色，一般都是部署在內部網路與外部網路的周界邊緣 (Edge)。在產業界引起許多應用程式討論的 AI 邊緣計算 (AI Edge Computing) 也是實現在 Gateway 上。 Gateway 的運算資源要求至少是微電腦以上，例如 Raspberry Pi 以上。IoT Field Devices 至少要有 MCU 等 的運算能力，例如：Arduino。IoT Devices 與 Sensors 及 Actuator 之間有介面技術的議題，例如 I2C，SPI 以及各種介面協定。IoT Device 當然也可以使用微電腦等級，例如，樹莓派以上的運算資源。在構思物聯網場域應用時，可就上圖之參考架構進行縮減，合併，擴充而不必一定要繪出完整架構，完成針對某應用場域的物聯網應用系統圖的繪製後，即可以進一步進行元件的選用與系統的細部設計。

3.2　IoT 場域裝置

　　在物聯網領域，入門基本款的 MCU 以 Arduino 為代表，它是一種開源的 MCU 智慧財。不同公司運用開源的 Arduino 開發出各種的開發板 (Developing board)，例如 UNO、MEGA、... 等。下圖是 MEGA 開發版的外觀，以及可接週邊元件的各類 I/O 接腳 (Input/Output Pins) 的示意圖。

圖 3-4　I/O 接腳

圖片來源：https://pixabay.com/

　　除了 Arduino 之外，還有許多 MCU 類別，例如 Microchip 的 PIC 系列，Acorn RISC Machine 的 ARM 系列，Atmel 的 AVR 系列，以及 Intel 的 8051 系列 ... 等等。MCU 一般會與感測器 (Sensor) 整合在一起，感測器感測到數據後會傳送給 MCU，MCU 進行處理後再透過通訊模組再往外傳送。MCU 與感測器之間的資料傳送之實作方式一般被稱為介面技術。介面技術有 I2C、SPI、UART 等。MCU 也會與致動器 (Actuator) 整合在一起，致動器與 IoT 裝置之間的介面技術也與感測器類似。IoT 場域裝置的內嵌智慧單元的運算能力至少是 MCU(單晶片)。當然也可以使用微電腦等級，若是此種情況，相當於閘道器的部分功能由 IoT Devices 分擔。

　　對資安議題來說，IoT 裝置是場域終端的物聯網物件，通常會使用最後一哩的通訊與網路技術技術，包括無線通訊技術、媒介接取控制 (Media Access Control) 協定、介面技術…等，在資訊安全的威脅上，會有干擾、側錄與假冒的問題。另外裝置的密碼議題，通常在出廠時密碼會先設定成默認值，若帳號與密碼在建置於場域後未重新設定，就會讓駭客有可趁之

機；遭到入侵的設備可能會成為攻擊者進入企業和 / 或參與分散式拒絕服務（DDoS）的跳板。

　　雖然 IoT 場域裝置通常安裝於內部子網路，在網路安全上已具某種程度的安全性。

　　但如果有駭客運用社交工程在子網路內安裝了網路協定分析軟體，所傳輸的數據則有可能泄露。因此 IoT 場域範圍內的網路必須有可被信任與安全的協定與資料加密技術，以減少駭客的入侵機會。

3.3 IoT 邊緣閘道器

　　閘道器在物聯網系統中扮演關鍵角色。實際上，閘道器還充當遠程訪問場域裝置的安全關卡，例如閘道器可以充當雲平台的代理服務器，用以監督場域裝置與設備的狀態。

　　物聯網閘道器可以是實體設備或軟體程式，主要是扮演 IoT 雲平台與多個物聯網裝置的異質數據源之間的橋梁，閘道器也可以做為物聯網場域裝置與不同目的端（例如服務器或資料庫）之間的橋樑。另外閘道器可以匯集與處理從物聯網裝置傳送過來的數據，使裝置只專注於數據的感測。閘道器既然要管理來自 IoT 裝置的數據，計算能力就有一定的要求，有時還要求能為邊緣和霧計算應用提供運算能力，所以要求至少微電腦等級以上，例如 Respberry Pi 只是基本款。運用 IoT 閘道器除了前述的目的之外，還有其他目的，例如產業資產管理自動化運作與維護。隨著 5G 及 AI 的發展，對邊緣閘道器的運算能力要求愈來愈強，功能要求也愈來愈多元，也就是邁向 Edge Computing 發展。閘道器可以看成是特用目的伺服器，在其上所開發的應用與服務基本上要以嵌入式系統開發看待，如下圖所示：

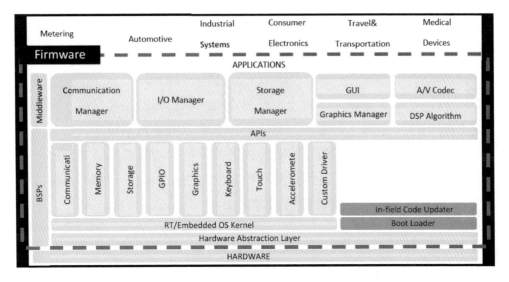

圖 3-5　Embedded-Software-Development

資料來源：[6]

　　閘道器必須提供許多服務，也必須維護 IoT 裝置的連接性，其資訊安全問題當然就無法忽略。也就是說物聯網閘道器通常位於組織內外網路之間，資安議題不可忽視，除了網路層的網路安全管理之外，也必須重視資料安全，以及閘道器服務或應用軟體管理的資訊安全。

3.4　IoT 雲端平台

　　一般來講，為了避免被竊聽，物聯網設備、物聯網、物聯網閘道器，與雲端平台之間的資料傳輸，需要通過強大的加密機制來保障。然而，在現代的物聯網終端裝置上，大多是低成本、低功率的設備，無法支援這樣的高階資安措施。因此，物聯網平台自身需要採取資安措施，以解決這種等級之資安議題。例如：將物聯網流量劃入私人網路、建立雲端運算級的

強大安全性、要求定期更新密碼，支援驗證更新軟體元件、以及簽名才能更新軟體等等，這些手段都能加強物聯網軟體平台的安全級別。

　　物聯網雲平台的資料分析有四種主要類型：即時分析、批次處理分析、預測分析、互動式分析。即時分析是對資料流執行即時動態分析，即時分析在物聯網應用占據了很重的份量。批次處理分析是對累積的資料集進行操作。批次處理操作會在預定時間段內運行，也許持續數小時或數日。預測分析是基於資料集使用各類統計與機器學習技術，進行預測。互動式分析是對資料流和批次資料執行多個探索性分析。

　　IoT 雲平台的運算能力可以是自建的伺服器，也可以是租用各雲端運算服務公司的軟體即服務 (SaaS)、平台即服務 (PaaS)、基礎設施即服務 (IaaS) 等。另外，選用這些雲端運算服務必須特別考慮到服務供應商所提供的雲端運算基礎設施 (Cloud Computing Intrastruture) 是否有實現資安防護。網際網路協定堆疊與 Web Service API…等也都有其各自的資安議題。以物流產業來說，物流管理包含監看產品或庫房的溫度，濕度等數據，也可監測是否在運輸中有搖動，產品數量是否有變化。物流管理也可運用在不同的交通與運輸場合，例如應用 IoT 獲得道路、各種數據。所有的應用場域均涉及到不同的應用類型、系統結構、通訊標準、不同種類傳感器，和不同的軟硬體元件，而且大多是跨區域，甚至跨組織。以整個物流管理的過程來說，可能牽涉到許多不同公司，由於每一家公司都有自己的系統，也就是沒有共用的系統，而是分散式系統服務的組合。甚至供應鏈上的各個公司都有自己的雲服務平台，也就是說各公司的實體機或虛擬機的個別應用程式係透過虛擬中介層進行聯合運作。這些運作需運用到網際網路協定堆疊與 Web Service API，因此有必要考慮這些協定技術元素有關的資安議題。

　　雲端運算平台之虛擬機 (Virtual Machines) 的作業系統 (Operating System)、以及應用軟體 (Application)，可能的資安議題包括社交工程攻擊，

中間人攻擊，惡意軟體 (malware) 等。文獻 [8] 舉出了 Hacker 藉由社交工程或釣魚網站的方式先將惡意軟體安裝在一 A 公司某一台工作站。由於 A 公司與 B 公司都租用相同雲端運算服務，Hacker 藉由原本應該獨立運作的 VM 的作業系統或應用軟體的漏洞，將惡意軟體散佈到 B 公司，最終達到竊取機敏資料的目的。這是一種利用雲計算服務的弱點進行的攻擊，攻擊流程如下圖所示：

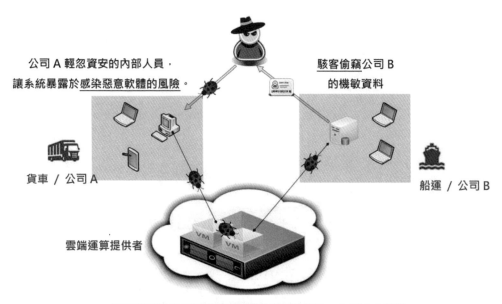

公司 A 輕忽資安的內部人員，讓系統暴露於感染惡意軟體的風險。

駭客偷竊公司 B 的機敏資料

貨車 / 公司 A

船運 / 公司 B

雲端運算提供者

惡意軟體透過雲端運算虛擬機管理器的弱點，在 VM 內擴散。

圖 3-6　惡意軟體跨公司的擴散流程 [8]

3.5　IoT 前端應用程式

　　IoT 前端應用程式的典型代表是行動應用程式 (Mobile App)。App 資安風險有四個面向：(1) 與後端服務器的資料傳輸 (Backend Server Transfer)，包括不適當的平台使用、不安全通信、不安全的身分驗證，以及不安全的

授權。(2)App 本地資料儲存 (App Data Store)，包括不安全的資料儲存與不充分的加密。(3) 實機駭客攻擊，包括代碼竄改及反向工程。(4) 可疑的程式安裝 (Suspieious input)，包括劣等的代碼品質 (Poor Code Quality) 與超出權限的功能 (Extraneous Functionality)，如下圖之示意圖。

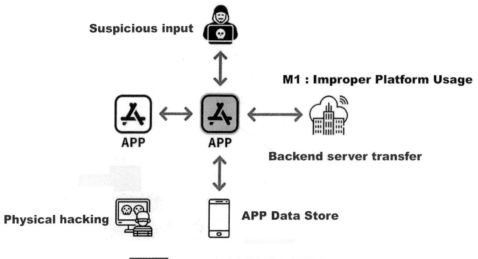

圖 3-7　App 資安風險的四個面向 [26]

　　App 資安檢測有助於 App 的資訊安全防護。針對 App 資安的四個面向，可以透過靜態分析及動態分析進行檢測。靜態分析是對 App 封裝檔進行反組譯，然後分析組態設定、權限宣告、分析中繼碼資料流…等，再從中判斷是否有曝露機敏資料、濫用權限、或 API 使用不安全的設定參數等資安風險。動態檢測則是在手機模擬器中實際執行 App，然後紀錄函式的呼叫行為，以及網路行為，再從中判斷是否有資安風險 [26]。

3.6　Web Service API

　　運作中的系統之軟體元件或應用程式會提供給外部元件接取其功能或服務的程式呼叫介面，為了讓開發者在編程時有一個遵循的依據，必須有一套呼叫規範，這一套規範就叫 API(Application Program Interface)。API 的設計一般都是採用要求 (Request) 與回應 (Response) 的模式。網際網路的發展，使得系統的開發朝向分散式發展，http 協定是用來開發分散式應用時最普遍的協定。使用 http 協定還有一個好處，因 http 使用 port80，不會被防火牆阻擋。以台灣特有生物研究保育中心的生物多樣性開放資料 (Open Data) 的 API 為例，其 API 格式如下：

https://www.tbn.org.tw/api/{version}/{type}/{parameters}

　　其中 {version} 代表 API 版本，例如 v2。

　　{type} 代表 API 服務類型，例如 species、dataset，以及 occurrence。

　　{parameters} 代表查詢參數，用來描述查詢條件 (Query String)，其內容依服務不同而不同。{parameters} 一般都是 Key-value Pair 的形式，這是一種傳統的 API 設計方式。

　　傳統的 API 設計的缺點是系統之間的耦合度高，為了降低分散式應用系統之間的耦合度 (coupling)，另有一種稱為 REST(Representational State Transfer) 的設計風格是許多開發者在設計 API 時喜歡用的。Representational 中文翻譯成表徵，指的是從服務器送至客戶端 (也稱為前端) 的文件，例如 HTML 檔、圖像檔、XML 檔，以及 JSON 格式資料。而「State Transfer」是指表徵」的狀態切換，例如頁面上的表單輸入欄位的新增、修改、刪除動作，會與後端的資料庫管理系統互動，這種互動的 API

設計是採 REST 風格，因此被稱為 REST API。REST API 分成三個部分：
Nouns、Verb 及 Content-Types。Nouns 對應到文件資料，也叫資源。Verb
用來描述對資料或資源的操作，包含 CRUD 四種，可以類比成對資料庫的
四種資料操作，分別是新增 (Create)、查詢 (Read)、修改 (Update)、及刪除
(Delete)，故簡記為 CRUD。CRUD 剛好對應到 http 客戶端向服務端發出
要求 (Request) 的四種方法 (method)，分別是 Post、Get、 Put、及 Delete。
也就是將服務器端的物件視為資源，可被變更與查詢。 Content-Types 則
是 Data 的格式，常見的有 JSON、XML、HTML 等，其中 JSON 非常簡
潔，因此目前大部分的情況都是使用 JSON。Javascript(JS) 前端、後端 Web
API 處理元件、資料實體框架 (Entity Framework)，以及資料庫服務器 (DB
Server) 的關係如下圖所示。

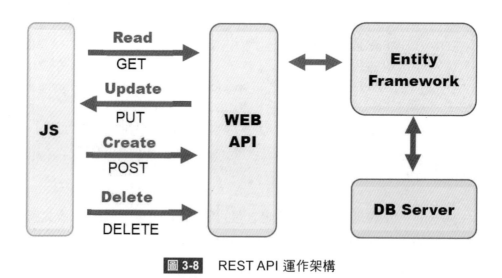

圖 3-8　REST API 運作架構

　　我們也可以從代碼編寫的角度理解 RESTful API，我們以瀏覽器做為
http 客戶端，http 服務端為網頁服務器執行著 process.php 為例，如下圖所示，

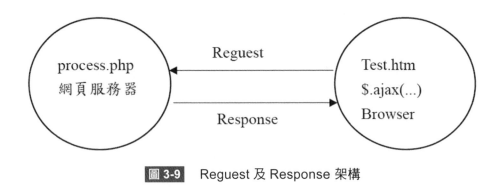

圖 3-9 Reguest 及 Response 架構

由瀏覽器分別向服務器發出 Request Method 之 Nonns 及 Verb 如下表，Verbs 是表現在客戶端向服務端發出 Reguest 的代碼中，如下表所列：

表 3-1

Verb /Noun	意義
GET /book	要求列出所有 book 的資訊 (List books)
POST /book	要求新增一筆資料記錄至 book(Create book(s)
GET /book/1	要求查詢編號為 1 的 book 之資料記錄 (Retrieve book)
PUT /book/1	要求更改編號為 1 的 book 之資料記錄 (Update book)
DELETE /book/1	刪除編號為 1 的 book 之資料記錄 (Remove book)

Test.htm 內的 Javascript 與 jQuery 程式碼。如以下文字方塊的程式碼所列：

```
$.ajax( { url: 'http://163.18.53.34/process.php/1/book',
    type: 'GET', data: {name:"John",location:"Boston"},
    success: function(echo) {
      document.write(echo);
    }
});
```

```
$.ajax( { url: 'http://163.18.53.34/process.php/1/book',
    type: 'POST', data: {name:"John",location:"Boston"},
    success: function(echo) {
      document.write(echo);
    }
});
```

```
$.ajax( { url: 'http://163.18.53.34/process.php/1/book',
    type: 'PUT', data: {name:"John",location:"New York"},
    success: function(echo) {
      document.write(echo);
    }
});
```

```
$.ajax( { url: 'http://163.18.53.34/process.php/1/book',
    type: 'DELETE',
    success: function(echo) {
      document.write(echo);
    }
});
```

在服務端的 process.php 的代碼結構如下，

```php
<?php

if ($_SERVER['REQUEST_METHOD'] === 'GET') {
   // 查詢資料庫 book 資料表並將結果集回應到客戶端
}

if ($_SERVER['REQUEST_METHOD'] === 'POST') {
   /* 讀取個欄位值，之後儲存到 book 資料表 */
}

if ($_SERVER['REQUEST_METHOD'] === 'PUT') {
   /* 讀取個欄位值，之後修改 book 資料表的資料紀錄 */
}

if ($_SERVER['REQUEST_METHOD'] === 'DELETE') {
   /* 刪除 book 資料表的資料紀錄 */
}

?>
```

　　隨著 RESTful 的普及，以 AP 及 I 分散式系統的發展，主機或工作站可使用 RESTful API 連接到其他系統或網際網路服務 (Web Service)，也就是 Web Service 可經由網際網路自任何地方呼叫 API，如下圖所示意：

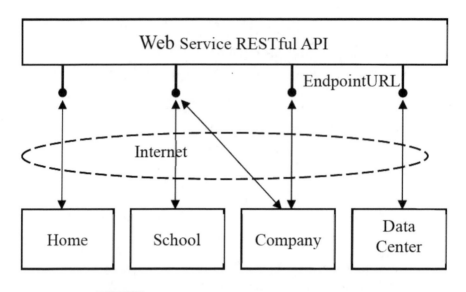

圖 3-10　RESTful API 促進分散式系統的發展

　　由於傳統 http API 及 RESTful API 在分散式系統上扮演的角色愈來愈重要，而 IoT 系統基本上就是一種分散式系統。因此考慮物聯網資安就不得不考慮，API 的資安議題。

第四章

資訊安全技術

4.1　資訊安全 CIA 三要素

　　資訊安全 (Infor Security)，意為保護資料資訊及資訊系統免受未經授權的進入、使用、披露、破壞、修改、檢視、記錄或銷毀。資訊安全一詞與網路安全、網宇安全的概念常有互用的情況，為方便討論，在此先將三者的範圍做界定。何謂網路安全？至今為止，網路安全一詞，在不同場域有不同的涵蓋範圍。從威脅的角度來看，網路安全威脅 (cybersecurity threat) 意謂著一種透過威脅行為與結果，也就是任何會導致未授權存取、外洩、操縱或破壞資訊系統或網路系統，以及資訊系統所儲存、處理、或傳遞的資料等行為。

　　網路安全的範疇還沒有一定的共識，有些情況還與資訊安全幾乎指涉相同的意義，例如以下的定義：網路安全用於保護資訊系統、網路系統、資訊裝置、軟體、以及資料及相關人員免於遭受各種形式之攻擊，將網路安全改成資訊安全仍無扞格之處。聯合國負責資訊與通信科技的專門機構「國際電信聯盟」(International Telecommunication Union, ITU) 針對網路、數據與電信安全的建議事項中，針對網路安全做出以下定義：網路安全係可用於保護網路環境、組織和使用者資產的所有工具、政策、安全概念、安全保障措施、指導方針、風險管理方式、行為、訓練、最佳作法、防護手段和技術。組織與使用者資產包含連結之計算裝置、人員、基礎設施、應用程式、服務、電信系統和所有網路環境中傳遞與儲存之資訊。

　　本書的觀點，是將資訊安全 (Info Security) 視為最上階概念，涵蓋網路安全、資料安全、系統安全、以及應用程式安全。而 IoT 資訊安全則還要特別加上裝置安全。本書觀點之 IoT 資訊安全如下圖所示，

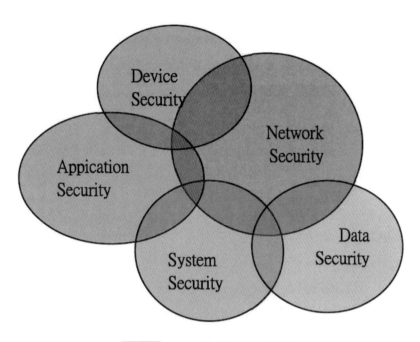

圖 4-1　IoT 資訊安全涵蓋範圍

　　上圖的表達方式是從資安作為與措施的保護對象與方法的角度討論。另一個觀點是從資安作為與措施的目的進行討論，最常見的是 CIA 觀點。CIA 是由三個英文字「Confidentiality」、「Integrity」及「Availability」所構成。合稱 CAI 鐵三角 (CIA Triad)，分別表是機密性、完整性及可用性。無論網路、系統、資料、裝置、以及應用程式都有可能在 CIA 的任何一項受到駭客攻擊。

　　任何違反或破壞鐵三角的事件或行為，都會減損資安機制的防護強度，也有可能對公司的重要資產或機密資料造成危害。因此，確保 CIA 就是資安作為最重要的目的，組織可根據 CIA 三要素來判斷哪些事件或行為是資安風險，應該受到管制與規範。以下說明 CIA 的意涵。

Confidentiality

機密性 (Confidentiality) 的意思是：「機密資訊不可揭露給未經授權的個體」，確保機密性的主要目的就是要維持資料或資訊的不洩漏。這裡所提到的個體，可以是一個人、一個團體或一套系統。換句話說機密性確保之資安作為是確保訊息不為其他不應獲得者得知，另外一方面是確保訊息在對的人、對的時間、對的裝置和對的地點上被存取。

一般而言，稍有資安危機意識的企業組織都會建立某種程度的防護措施，以避免機密或敏感性的資產遭到未經授權的個體所讀取或使用。常見之違反 confidentiality 之攻擊行為有：竊取密碼檔案、社交工程 (social engineering)、肩隙偷覽 (shoulder surfing)、刻意偷聽 (eavesdropping) 等等。此外，非攻擊性行為，例如人為的錯誤 (human error)、未能留意某威脅或徵兆而所造成的疏失 (oversight)、以及缺乏適當的技能 (ineptitude) 等等，也可能會導致機密或敏感性的資產遭到未經授權的個體所讀取或使用。

Integrity

完整性 (integrity) 的意思是：「對任何機密資訊不能發生竄改，而且若有修改都必須是經過授權」，而其主要目的就是要維持資訊的真實度 (veracity)、一致性 (consistency) 與完整度 (completeness)。常見違反 Integrity 之行為包括：竄改機密資訊的內容與刪除機密檔案等等。確保完整性的資安作為是指在傳輸、儲存資訊或資料的過程中，資訊或資料不被未授權者篡改以維持資訊或系統的預期狀態 (expected state) 的作為。

Availability

　　可用性 (Availability) 的意思是：「已經取得授權的個體可以『及時地』與『不受中斷地』讀取或使用資訊與系統」，而其主要目的就是要維持功能與應用程式的可使用程度。確保可用性（Availability）的資安作為就是讓一個系統處於隨時可使用的狀態，也就是資訊服務不因任何因素而中斷與停止對有獲得授權者之服務。常見違反 Availability 之攻擊行為包括服務阻斷 (Denial of Service) 與通訊中斷 (Communication interruptions)。天災與人禍也可能導致資訊無法及時地與不受中斷地被讀取或使用，例如電廠跳電、電力中斷 (維修人員不小心切斷電源、怪手不小心挖斷電線)、地震、颱風、硬體因年久而自然損壞等等。

圖 4-2　CIA 鐵三角

　　雖然最理想的情況是三者同時達成，如同上圖的等邊三角形。CIA 的資安目標，通常無法同時達成，必須取捨 (Trade off)。

對組織或個人來說，所謂資安事件 (security incident) 發生後就是 CIA 中至少有一項受到危害。對於 IoT 系統，人們在乎的也是三大資安議題：(1) 機密性 (2) 完整性 (3) 可用性。若組織的系統、網路環境、通訊環境，場域設備或裝置存在漏洞或讓駭客 (黑客，hacker) 有可趁之機，這三項資安特性就會遭受程度不一的破壞。若資訊被揭露就違反了機密性，服務與功能被破壞就違反了可用性，資訊被竄改就違反了完整性。

由於網路與系統環境愈趨複雜，為了在分析資安議題時更加精準，除了 CIA 三要素外，有研究者另外再加上鑑別性 (authenticity)、授權性 (Authorizibility) 及不可否認性 (non-repudiatity) 等三項，組成更完整的資安基本要素。鑑別性也叫做身分真實性。

鑑別性是要避免身分被冒用，包括用戶或設備的身份。以用戶身分為例，在允許取用系統服務與資源之前要先確定身份，鑑別方式包括用戶名稱、密碼、E-mail、生物特徵，及其他方式。

鑑別性確保使用者登入時，該數位身分能被合理妥當的驗證。有些學者也將鑑別性的違反歸類為機密性被違反，但機密性與鑑別性還有本質的差異。針對明文 (Plaintext) 進行簽章，然後公佈在網站，此種情況滿足鑑別性或身份真實性 (authentication) 但不滿足機密性 (Confidentiality)。另外一種情況，使用接收者的公開金鑰對資料加密再傳送。此情況滿足機密性，但接收者無法確定是否真為傳送者所送出，也無法確保訊息在傳送過程未被攔截，因此不滿足身份真實性或鑑別性。有些學者也將鑑別性的違反歸類為機密性被違反。

不可否認性確保無法否認於系統上完成的操作，例如數位簽章讓寄件人無法否認這封信就是其發出的也就是訊息來源端不可否認性。另外，接收端無法否認也是不可否認性要達到的目標。訊息來源端不可否認性主要

是要能證明訊息是來自特定的個體 (party)，訊息接收端不可否認性是要能證明訊息確為特定某個體所接收。有些學者將不可否認性歸屬在完整性下。想像同一群節點共享一個對稱性金鑰，這符合鑑別性，因為每個節點都知道訊息是來自另一個受信任的節點，但不符合不可否認性，因為個別節點都可以宣稱訊息並不是他所傳送的，密碼學技術能證明是那一個節點所傳送，其中一種做法就是數位簽章。

　　授權性必須要有機制決定那一個使用者可以存取那些資料。例如 root 或 Admin 管理者帳號與一般使用者帳號的權限必須有明顯的不同。

　　前述的 CIA 再加上所討論的三項這樣就構成了六個資安六大要素，如下圖所示：

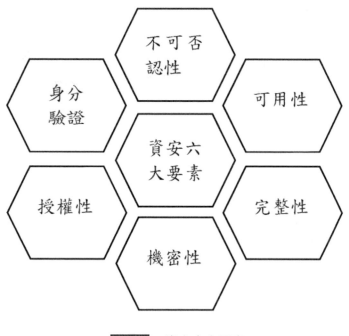

圖 4-3 　資安六大要素

資安防護作為的目的 (security goal) 就是要滿足這六項資安要素，簡要統整如下：

(1) Confidentiality (機密性) 可防護 Information Exposure (資訊洩漏)。

(2) Integrity (完整性) 可防護資料被竄改。

(3) Availabity (可用性) 可防護服務或功能的中斷。

(4) Non-repudiation (不可否認性) 可防護傳送端的否認傳送、以及接收端否認有接收。

(5) Authorization(授權性) 可防護資源與帳戶權限的授權關係被破壞。

(6) Authentication(真實性) 防護使用者、設備、裝置、程式代理人的身分之真實性。

4.2　對稱式資料加密技術

對稱式加密技術 (operator) 的最基本運算是 XOR，基本觀念是兩個運算元必須要不一樣才會得到 1，運算元只有兩種選擇，不是 0 就是 1。如下：

```
0  xor  0  =   0
0  xor  1  =   1
1  xor  0  =   1
1  xor  1  =   0
```

對稱式加密演算法是指加密與解密的金鑰 (secret key) 是相同的，DES、AES 是典型代表。DES 是 Data Encryption Standard 的縮寫，AES 是 Advanced Encryption Standard 的縮寫，AES 是美國政府公開徵選用來取代 DES 的加密演算法，AES 比 DES 有更高的安全度。加密與解密演算法的運算資料是二元值 (binary data) 所組成的位元串 (bit stream)，金鑰也是由若干位元所組成，例如 32、64、128、256 個位元。通常要加密的文件或檔案是

非常大的，例如 1 Mbytes、10 M bytes，因此不是一次式進行運算，而是在進行加密運算時以區塊 (block) 為基礎。區塊與金鑰通常具有相同的長度。也就是要有相同的位元數，即使不同也會使用擴展方式使有相同資料長度。解密時也是一個一個區塊進行，最後再組合回原來的文件或檔案。如前所述，對稱式加解密技術最關鍵的運算子 (operator) 是 XOR。XOR 運算元不一樣才會得到 1。

以下我們舉一個對稱式加密計算的簡單例子，針對明文 (plaintext) 位元值資料 (binary data)，0110110100111010，使用同一把密鑰 0110，加密時區塊大小是 4 位元，但明文有 16 個位元，因此將密鑰重複 4 次擴展為 16 個位元。運算式為 0110110100111010 xor 0110011001100110，這會得到密文 (cipher text)，0000101101011100。與明文完全不同。即使被截取，也無法得知明文內容。

同樣的例子也可說明解密計算。針對收到的密文 (cipher text) 位元值資料 (binary data)，0000101101011100，使用同一把密鑰 0110，進行 XOR 運算，0000101101011100 xor 0110011001100110，得到明文 (cipher text)，0110110100111010，很明顯與原來明文完全相同，表示使用相同的金鑰做加密再解密可得到原來的資料。

對稱式加解密技術安不安全，安全性如何？也就是當有心人士取得文件或檔案的密文是不是可以將明文還原出來，如果容易做到那就不安全。在不知道密鑰的情況下，有哪些手段可以從密文還原出明文。暴力破解 (brute force) 是永恆一招，也就是將所有可能的密鑰組合都猜一遍，都試著解密一遍。因為試了所有可能，總有一個會猜對。但是暴力破解所花的運算時間與密鑰的長度 (位元數) 是有關的，4 bits 只要試 16 次，32 bits 就要試 2^{32} 次。依此類推，256bits 就要試 2^{256} 次，這已是天文數字。

　　總是可以試遍所有的可能性，因此沒有絕對安全的加解密技術。加解密技術只有運算安全度 (Computational security) 的概念，也就是破解密碼要花很長的時間或消耗極大的運算資源，以致於無人會去嘗試。加密技術所使用的密鑰長度決定運算安全性的強度，也就是密鑰位元數越多，運算安全度就越高。

　　許多人會有疑問，加密計算是針對二元值資料，但我們所理解的資料有文字、聲音、影像等類型，那要如何運算？人類所理解的資料與電腦所記錄與理解的資料有編碼 (encode) 與解碼 (decode) 的關係。文字與符號是用字元集編碼系統，例如 UNICODE 或 ASCII 或 Big5；數值，例如 20, -34.56，則是使用數字編碼系統，例如 2's complement 與 IEEE 浮點數 (floating point) 表示法；聲音經取樣量化；圖像則是空間取樣量化；視訊則是聲音與圖像的組合，透過同步控制資訊，這些都可以表示成位元值資料 (binary data)。表示成二元值資料後就可以做加密運算的輸入資料了。

　　對稱式加密技術可以在資料儲存時 (static data) 實施，也就是將資料加密後再儲存。為了達到資料即使被竊取也不會洩漏訊息，我們可以只儲存加密過的檔案，或者資料庫的資料表的某些欄位只儲存密文。但在這種情況，管理者必須記得密鑰，不然無法解密還原，因此忘記密鑰或密鑰洩漏是對稱式加密的管理風險。另一管理風險在於密鑰的發佈，也就是如何安全的傳送密鑰給對方？最簡單的作法是將密鑰以加密的方式送給對方，但是如果使用對稱式加密技術對密鑰加密再傳送就會陷入無限輪迴的問題，也就是用來加密種作法，是使用對方的公開金鑰 (Public key) 對密鑰加密再傳給對方，收到後，接收者再使用私人金鑰加以解密，這正是常用的作法。

　　對稱式加密技術也可以實施在資料的傳送與接收時。IoT 的世界，傳送端與接收端都是智慧物件，也就是 IoT 系統上的智慧物件可以實現加密與解密演算法。對稱式加解密的運作方式可以總結如下，與符號是用字元集

編碼系統，例如 UNICODE 或 ASCII 或 Big5；數值，例如 20, -34.56，則是使用數字編碼系統，例如 2's complement 與 IEEE floating point 表示法；聲音經取樣量化；圖像則是空間取樣量化；視訊則是聲音與圖像的組合，透過同步控制資訊，這些都可以表示成位元值資料 (binary data)。對稱式加密技術可以在資料儲存時 (static data) 實施，也就是將資料加密後再儲存。為了達到資料即使被竊取也不會洩漏訊息，我們可以只儲存加密過的檔案，或者資料庫的資料表之某些欄位只儲存密文。但在這種情況，管理者必須記得密鑰，不然無法解密還原。忘記密鑰或密鑰洩漏是對稱式加密的管理風險。

另一管理風險在於密鑰的發佈，也就是如何安全的傳送給對方？最簡單的想法是將密鑰以加密的方式送給對方，但是如果使用對稱式加密技術對密鑰加密，會陷入無限輪迴的問題，也就是用來加密密鑰的密鑰要如何傳送？所以不能使用對稱式加技術對密鑰加密，另一種作法，是使用對方的公開金鑰 (Public key) 對密鑰加密再傳給對方，收到後，接收者再使用私人金鑰加以解密。

對稱式加密技術可以實施在資料的傳送與接收時。IoT 的世界，傳送端與接收端都是智慧物件，也就是 IoT 系統物件上的執行程式可以實現加密與解密演算法。對稱式加解密的示意圖如下，

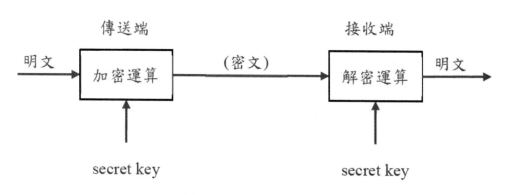

圖 4-4 對稱式加解密圖解

如前所述，加密後的數據有可能被破解，其中一個方法就是將所有可能的密鑰組合都嘗試一遍，但這樣太消耗時間了，但是破解對稱式加密演算法的密鑰，也可以從密文中尋找蛛絲馬跡，也就是利用文字符號或位元樣式的明文與經過加密的密文之間的對應關係，其中一個方法是觀察密文中重複出現的樣式的機率，再對應到明文中有相同機率的樣式。舉例來說，明文中 the 字彙出現最多次，密文中重複出現的樣式最多的，有可能就是 the，以此方法破解的時間就能夠大為減少。這是一種基於線索的破解方法。

為了防止基於線索 (clue) 的破解方法，對稱式加解密演算法會加入兩種運算：打亂 (類似洗牌) 及置換。加解密的過程如下圖：

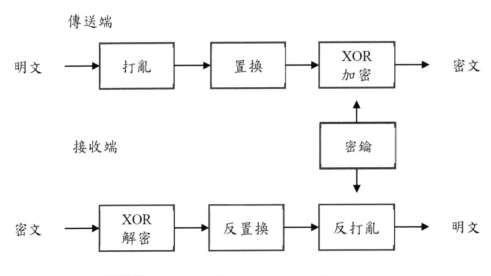

圖 4-5　對稱式加解密演算法的加密與解密流程

DES 與 AES 就是採用了上圖的作法，XOR 還是核心運算差別只是打亂與置換運算有不同的作法，當然，XOR 還是核心運算。對加密領域而言，加密演算法本身不是秘密，加密用的密鑰才是。AES-128 加密與解密的步驟如下圖所示，

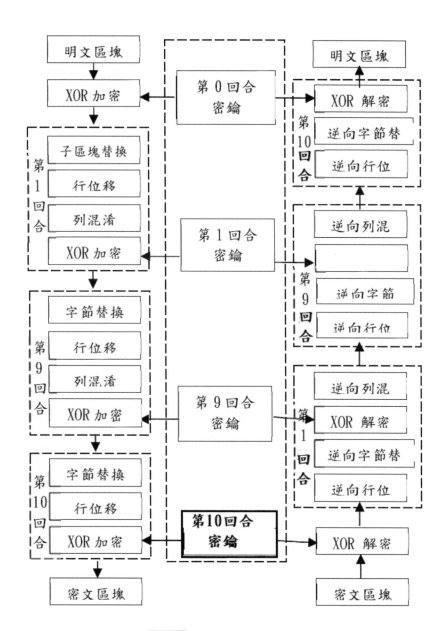

圖 4-6 AES 的加解密流程

上圖中的子區塊替換、行位移、列混淆就是「打亂」及「置換」的實施。

我們已經知道為了有效保護資料，通常是使用加密的方法，而加密技術分為對稱式與非對稱式。對稱式加密技術的加密金鑰與解密金鑰必須是相同的，但是對稱式加密技術的困難點在於密鑰的分派 (distribution)，也就是如何讓溝通雙方能即時獲得這一把相同的密鑰。這時就要使用非對稱式加密的公開金鑰加密機制。非對稱加密則是使用接收端的公開位鑰 (Public Key) 對金鑰加密，接收到之後再使用私人金鑰 (Private Key) 解密。另外，如果接受方的公開金鑰是憑證管理中心 (CA) 所核發的數位憑證，則接收方無法否認的目的。往後三節，我們將說明公開金鑰加解密技術及其應用。

4.3　公開金鑰加解密技術

公開金鑰基礎設施 (PKI,Public Key Infrastructure) 是物聯網裝置、設備、軟體元件、應用程式、服務器的身分鑑別與驗證的基礎設施 (Infrastructure)，因此在物聯網資安扮演很重要的角色。物聯網裝置、設備、軟體元件、應用程式、服務器都可以擁有成對的公開金鑰與私人金鑰。PKI 的核心技術為公開金鑰密碼學技術，從此又衍生加密及簽章的應用。簽章必須要綁定身分，這又與需要數位憑證 (Digital Certificate) 有關，而數位憑證是由憑證管理中心 (CA, Certificate Authority) 所核發。針對這些技術的關係的理解有助於設計安全的 IoT 的系統，我們先說明公開金鑰加解密的運作機制。

公開金鑰加解密可以四句話代表，分別是

(1) 公開金鑰 (Public Key) 會有一把唯一對應的私人金鑰 (Private)。

(2) 公開金鑰可以向公眾公開，私人金鑰則無論如何都不能洩漏。

(3) 使用公開金鑰加密，只能使用私人金鑰解密。這是達成機密性的手段。

(4) 使用私人金鑰加密，只能使用公開金鑰解密。這是達成不可否認性的手段。

如果 Robert 要以密文的方式將訊息傳送給 Alice，基於公開金鑰加解密技術，請問要如何進行？作法如下，

Robert 使用 Alice 的公開金鑰對訊息加密，傳送給 Alice；Alice 收到之後再使用自己的私人金鑰對訊息解密。因為只有 Alice 知道自己的私人金鑰，因此只有 Alice 才能對訊息解密。這樣就達成了資安對數據機密性的要求。只要把 Robert 與 Alice 換成物聯網的 " 物 "，那麼在物聯網系統的資料或訊息傳送就可以達到機密性 (Confidentiality) 的要求。

公開金鑰加解密技術之中，RSA 技術是許多人所熟知的。取餘數 (mod) 是公開金鑰加解密技術的核心運算。取餘數運算的例子，例如 17 mod 6 結果為 5，11956 mod 123 結果是 25。RSA 加密演算法，使用接收端的公開金鑰，{E,N} 對訊息 M 加密得到密文 C，加密運算式如下：

$$C = M^E \bmod N$$

C 是密文，M 是訊息明文。{E,N} 是公開金鑰。訊息的 E 次方後除以 N 取餘數就是密文。

RSA 解密演算法，使用接收端的私人金鑰，{D} 對密文 C 解密得到明文 M，解密運算式如下：

$$M = C^D \bmod N$$

D 是私人金鑰。密文的 D 次方除以 N 取餘數就是明文。

密文的 D 次方除以 N 取餘數就是明文。

舉一個實際範例如下，

假設公開金鑰，{E,N} 是 {17,77}；私人金鑰，{D} 是 53。訊息 M=2，加密運算 2^17 mod 77 結果是 C=18。C=18，也就是密文是 18，解密計算 18^53 mod 77 結果是 2，很明顯還原了明文。這是使用公開金鑰加密可以用私人金鑰解密的一個例子。接下來，再以 M=11，再次驗證使用公開金鑰加密，使用私人金鑰可以解密。式子如下：

11^17 mod 77 => C=44

44^53 mod 77 => M=11

許多人會有疑問，取餘數是針對整數型態的資料，那加密的資料不一定都是整數，那如何計算？實際上，這只是編碼系統轉換的問題。當資料或文件，如前所述，最後在電腦內都是二元值數據。當數據很大時，可將它分成許多個區塊 (Block)，每一個區塊當做是一個正整數看待，就可以分別做加密計算了。舉例來說，有一個區塊的內容為 00011011，如果要進行公開金鑰加密，就把 00011011 當做一個無號整數，相當於正整數，算出來的整數值為 27。若公開金鑰為 {17,77}，經過 27^17 mod 77 的計算就完成加密運算。也就是說，即使訊息的資料型態可能不是整數，例如可能是圖檔，pdf 文件，聲音，影片，執行檔 ...，將其二元值數據分成區塊後當成正整數即可進行取餘數的計算。

實際上，使用私人金鑰做加密計算，所得到的結果再使用公開金鑰做解密計算，會得到原來的訊息 (M)。這個過程並沒有加密效果，也就是不滿足機密性，因為公開金鑰是公開的，任何人都拿得到，表示任何人都可以做解密計算得到原來的內容。這個過程的正確概念是簽章與簽章驗證，例如 M=10，公開金鑰是 {17,77}，私人金鑰是 53 時，簽章與簽章驗證如下式：

10^53 mod 77= 54　（簽章）（以私人金鑰加密）

54^17 mod 77= 10　（簽章驗證）（以公開金鑰驗證）

　　一般的運用方法是 Alice 宣稱她擁有某 Public Key。她再使用 Private Key 對訊息簽章之後，接著對外宣稱，這個訊息她已經簽章了。之後將 {Public key、訊息、訊息的簽章內容} 一起公開。如果 Bob 想要驗證上述的宣稱 (claim) 是否為真，就將簽章訊息以 Alice 的 Public Key 對簽章內容進行解密計算，再與原本訊息比對，發現是一樣的，因此就相信 Alice 所宣稱的。

　　大數 (Big Number) 指的是數值非常大時，也就是運算元的位元數，超過某個數量時，例如 1024 個位元數。如果訊息、公開金鑰、私人金鑰都是大數時，在取餘數的運算過程中，會產生溢位 (overflow)。會不會溢位與電腦系統的數字編碼之有效位數有關，舉例來說如果一個數位系統只能直接處理 8 位元的資料，也就是只能表達 0 到 255。那麼 3^8 mod 111 就無法直接計算了，因為 3^8 mod 之值已超過 2 55，雖然可以間接計算，但這樣會大幅增加運算時間。即使現代電腦可直接處理的資料有效位元數多達 64 位元，但運用於網路世界的公開金鑰密碼技術要處理的資料之位元長度都很大，例如 1024bits，這遠超過目前電腦系統的有效位數。

　　許多人會因此產生一個疑問， M 的次方計算之結果是大數 (big number) 時，會超過數位系統的精準度 (Precision)，取餘數到底要如何計算？這個問題的解法是在編寫程式時，運用中國餘數定理 (Chinese remainder theorem)。此定理是說有一個整數是兩數相乘，該數之取餘數的計算就等於個別整數取餘數再相乘再取餘數。如下所表示。

(a x b) mod N

=[(a mod N)x(b mod N)] mod N

我們以實例展示「有一個數是兩數相乘，該數之取餘數計算等於個別取餘數再相乘再取餘數」的計算過程

$1011^{53}=1011 \times 1011^{52}=1011 \times 1011^{26} \times 1011^{26}$

$1011^{26}=1011^{13} \times 1011^{13}$；$1011^{13}=1011 \times 1011^{12}$

$1011^{12}=1011^{6} \times 1011^{6}$

$1011^{6}=1011^{3} \times 1011^{3}$

以上是拆解過程。算出 10113 mod 77 的結果再反向組合的過程如下所列。

$1011^{3} \bmod 77=76$

$1011^{6} \bmod 77=1011^{3} \times 1011^{3}=(76 \times 76) \bmod 77=1$

$1011^{12}=1011^{6} \times 1011^{6}=1 \times 1 \bmod 77=1$

$1011^{13} \bmod 77=1011 \times 1 \bmod 77=10$

$1011^{26} \bmod 77=10 \times 10 \bmod 77=23$

$1011^{53} \bmod 77=1011 \times 23=76$

以下是另一個運用中國餘數定理的計算例子，首先是拆解 57^17 mod 77 的過程：

$57^{\wedge}17 = 57 \times 57^{\wedge}16$

$57^{\wedge}16 = 57^{\wedge}8 \times 57^{\wedge}8$

$57^8 = 57^4 \times 57^4$

$57^4 = 57^2 \times 57^2$

$57^2 \mod 77 = 15$

接著是組合過程：

$57^4 = 15 \times 15 \mod 77 = 71$

$57^8 = 71 \times 71 \mod 77 = B$

$57^{16} = B \times B \mod 77 = C$

$57^{17} = 57 \times B \mod 77 = D$

RSA 的 {Public Key, Private Key} 有唯一對應，那麼要如何得到公開金鑰與私人金鑰？這只要藉由 RSA 金鑰產生器 (RSA Key Generator) 演算法即可以得到。演算法如下：

1. 挑兩個質數，P 和 Q；N=PxQ

2. 選個奇數 E 最大公因數的計算，與 (P-1)(Q-1) 互質，也就是最大公因數的計算

   也就 GCD(E,(P-1)*(Q-1))=1

   公開金鑰 (publickey)：（＊到處公開 E 與 N）

3. 找出 D 滿足 (DxE) mod [(P-1)x(Q-1)]=1

私人金鑰 (privatekey) 就是 D。D 必須自己保管，公開金鑰 {E,N} 則可以公開。

上述演算法步驟中，找出 D 滿足 DxE mod (P-1)(Q-1)=1 是重要關鍵。舉一個實際例子練習 RSA 金鑰產生演算法 (KGA, Key Generating Algorithm) 如下：

Step 1　選兩個質數 P=19，Q=17，算出 N=19x17=323

Step 2　選 E，與 (19-1)x(17-1)=288 互質，例如選 E= 7，就得到公開金鑰 (Public key)，{E, N}={7, 323}

Step 3　找出 D 滿足 DxE mod (P-1)(Q-1)=1，也就是找到 D 使得 DxE = k(P-1)x(Q-1) + 1，k 是整數。

Step 4　相當於要解 7D=(19-1)(17-1)k+1=288k + 1，因為 2 個未知數 {k,D}，使用嘗試錯誤法求解，k 從 1 開始代入，直到等式成立。

k=1 時，7D=288+1=289，D=289/7 非整數，非解。

k=2 時，7D=288*2 + 1=577，D=577/7，非解。

k=3 時，7D=288*3 + 1=865，D=865/7，非解。

k=4 時，...，亦非解。

k=5 時，...，亦非解。

k=6 時，7D=288*6 + 1=1729，D=1729/7=247，得解。

D=247 即是私人金鑰。而 Step2 已得公開金鑰 {7,323}

　　在密碼學的世界，演算法本身都不是秘密，公開金鑰產生演算法當然亦非秘密。而公開金鑰也是公開的，只有私人金鑰不能被知道。其中最重要的N=PxQ，N 是由哪兩個質數相乘也必須絕對祕密。因為若 P，Q 被猜中，那麼從上述 KGA 的 Step3 就可以推知私人金鑰。雖然 N 是秘密，但任何人得到公開金鑰 {E,N} 後即可對 N 猜測是由哪兩個質數乘起來，若猜中仍然可破解。當 N 值小時很容易猜，例如 N=323 很容易猜出是由 19 與 17 相乘而得，那麼依 KGA 即可得到私人金鑰。

但是當 N 是由兩個非常大非常大的質數相乘，也就是由兩個大數相乘時，那麼要做質因數拆解，運算時間會很久。例如使用個人電腦 PC 做運算，會超過一億年，這就是所謂的運算安全度 (Computational Security)。

有些讀者可能會覺得公開金鑰與私人金鑰的加解密關係是否僅為特例，其實，從數學上，尤拉公式可以證明 M^E mod N = C; C^D mod N = M。也可以證明 M^D mod N = S; S^E mod N =M。

之前我們曾回答一個疑惑就是取餘數運算都是針對正整數，資料並非都是數值，如何運算？我們的回答是，任何對人類有意義的資料型態，例如圖檔、pdf 文件、word 文件、聲音、...，在電腦內都是 0 與 1 的組合，也就是位元串 (bit stream)。取餘數運算可分段處理，也就是將位元串切分成若干位元的區塊後加密，例如 1024 bits 為一個處理段落 (segment, block)。那麼就將 1024bits 看成一個正整數值的範圍可從 1024 個位元都是 0 到 1024 個都是 1，也就是最小是 0 ，最大 2^1024 -1。當 1024 個 bit 的最左方位元值為 1，即可視為大數。

4.4 數位簽章

分區塊做公開金鑰加密與解密，簽章與驗證，都需要運算時間，無法達到即時性，因為訊息、私人金鑰或公開金鑰的整數值都可能很大，如下的例子也只是小兒科而已：

10111100014506060067^234560998411375757 mod
785646464663556787887

真正的運算值會比此值大非常多。長運算時間對許多要求即時性 (real time) 的應用情境不適用。解決方法是，不直接對訊息做加解密的運算，也

不會直接對訊息做簽章與驗證的計算。想像一下有一個大文件 (message) 被分成 1024 bits 的許多區塊，每個區塊要做加密運算或簽章運算，Key 與 除數也都很大，運算時間可想而知那如何進行間接運算呢？我們先討論簽章運算的解決辦法。

Sign(簽章) 的目的是向外宣稱說文件是自己所背書的，一般不會對全部的文件做簽章運算，也就是不會使用 Private Key 對訊息做加密運算，因為檔案可能很大，直接做簽章計算，會花許多運算時間。替代作法是針對文件的訊息摘要(message digest)或稱為數位指紋(figer print)進行簽章運算。所謂數位指紋是文件經過雜湊演算後所得到的一個雜湊值或稱哈希值，雜湊值實際上也是一組位元串。簽章與驗證的過程如下兩圖所示，

圖 4-7a　RSA 簽章過程 (signed Hash 與 Message 一起送出)

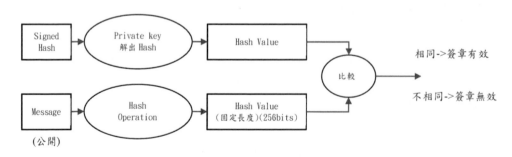

圖 4-7b　簽章驗證過程

雜湊運算 (Hash Opeartion) 具有很特別的特性,如下所述。

(1) 無論輸入的文件大小,輸出都是固定的長度,例如 128 bits 或 256 bits。

(2) 兩份不同的文件,即使只差別 1 個位元,所產生的雜湊值 (Hash Value) 就會有很大差異。

(3) 從雜湊值反推得到原來的訊息,機率趨近於 0。

如前所述,文件或訊息的雜湊值 (Hash Value) 也叫訊息摘要 (Message Digest),也叫數位指紋 (digital finger print)。

若要體驗雜湊值運算可以連到網站 onlineMD5,http://onlinemd5.com/,然後輸入字元 'b' 與 'c',查看 Hash 結果。

即使你會看到 b 與 c 的 ASCII 碼只相差 1 個位元,但雜湊值卻相差甚多。

輸入小寫的 b,雜湊值是 92EB5FFEE6AE2FEC3AD71C777531578F

輸入小寫的 c,雜湊值是 4A8A08F09D37B73795649038408B5F33

雜湊值演算法目前常用的有 MD5、SHA1、SHA256,其基本運算是與對稱式加密演算法相同的 XOR 運算,配合置換與打亂,經過許多回合的計算,以致於造成輸入只差一些,結果就差很多。

在前節中已提到,公開金鑰密碼學的安全性是基於「從 Public Key 算出 Private Key 非常困難」的事實,從而推知私人金鑰。

知道公開金鑰 {E,N},只要猜出 N 是由哪兩個質數相乘,依據金鑰生成演算法就可以算出 Private Key,那麼不就可以偽照簽章了,當 P 與 Q 是

小數時，很容易拆解，隨著 P 與 Q 越來越大，就會越來越難拆解，如以下
三個：

N=PxQ 質因數拆解的三個例子如下：

(1) N = 77 = PXQ，請拆解。

(2) N = 81161 = P x Q ，請拆解。

(3) N= 86652691，請拆解。

第 (1) 個例子很顯然 P=7，Q=11。

第 (2) 個例子，花一些時間也可拆出。

第 (3) 個例子，就要花更久的時間。

當 N 是 P 與 Q 兩個大數 (Big Number) 相乘時，要拆解出 P 與 Q 就會
非常困難。

總結來說，從 Public Key 是否可以猜出 Private Key? 可以。但是當
Key length (bit 數很大，例如 1024 bits)，運算時間會是天文數字；舉例來說，
如果使用 PC 運算就要花億年等級才能算出。成本效益不高，以致沒有無人
會去嘗試，這就是所謂的 Computationally Security。

即使要破解現在常用的一個 RSA 密碼系統，用當前最大、最好的超級
計算機需要花 80 年。有人會以量子計算機做為公開金鑰密碼系統不安全的
佐證，因為使用一部有相當儲存功能的量子計算機，就只需花上幾小時，
就可破解。量子電腦的確是很熱門的議題「量子之下無密碼」，號稱 8 小
時暴力破解史上最安全的 2048 位 RSA 加密的新聞只要搜尋即可找到一些。
然而量子電腦的實用化，還有一段很長很長的距離要走。個人判斷，幾十
年內不用擔心。

在一些簽章應用，所使用的 Public Key 與 Private Key 是橢圓曲線加解密技術 (ECC)，而不是 RSA。可以參考這個網頁的資料：

https://ithelp.ithome.com.tw/articles/10251031。RSA 與 ECC 兩者的運作方式非常類似，以下為它們的比較表。

表 4-1 RSA vs ECC

PKI Algorithm	RSA	ECC
Key Size	Security:280 @1024-bits	Security:280 @160-bits
	Security: 2112 @2048-bits	Security:2112 @224-bits
	Security: 2128 @3072-bits	Security: 2128 @256-bits
	Security: 2:92 @7680-bits	Security: 2192 @386-bits
	Security:2256@15360-bits	Security:2256 @512-bits
安全基礎	大數質因數分解	EC 橢圖曲線上離散對數
優點	演算法說明容易，可應用在加解密	運算速度快，簽章長度較小
缺點	運算速度慢，簽章長度較大	理論難理解 V 且實作技術複雜

除了簽章運算不是直接運算之外，因為考慮到即時性，公開金鑰加密也不會直接對訊息加密，而是跟對稱式加密配合。對訊息的加密仍然採用對稱式加密演算法，例如 DES 或 AES，但對稱式加密演算法所需要的密鑰，就使用接收端的公開金鑰加密後再送出，接收端收到後使用自己的私人金鑰就可以解出密鑰。再使用密鑰即可解出訊息明文。自此雙方都知道密鑰，之後訊息即可以此密鑰做對稱式加密運算，達到機密性的要求。

雖然對稱式加密演算法的密鑰以公鑰加密後傳輸，機密性可得到保障，之後使用它做加密，訊息的機密性也隨之得到保障，但還是仍有風險所存

在，密鑰因為採用的時間久，有可能就會洩漏。補強的作法是在密鑰使用一段時間要失效，也就是在雙方對話的時間內，密鑰是當下有效的，過了就失效，這個概念叫話程密鑰 (session key)。

簽章會與身分有關，裝置、設備、軟體元件、應用程式、服務器、使用者都可以有身分。物聯網的物 (thing) 的特徵之一是身分要可被識別，這是關鍵的，因為要確定溝通的對象。為了防止身份假冒，身份鑑別 (authentication) 就很重要；使用者使用帳號密碼登入系統就是身份鑑別的過程。但是裝置、設備、軟體元件、應用程式、服務器不是自然人，一般不採用帳號與密碼的身份鑑別方法，而是使用數位憑證機制。

4.5 數位憑證與 PKI

所謂數位憑證就是有憑證授權中心 (CA) 簽章的公開金鑰，個體(Entity)公開金鑰以 CA 的私人金鑰簽章就相當於 CA 背書公開金鑰與個體身份的綁定。

數位憑證 ={ 公開金鑰 , 擁有者的身份資訊 ,CA 的簽章 }

CA 簽章 = (公開金鑰相關資訊的訊息摘要) 以 CA 的私人金鑰簽章。

任何人都可以使用 RSA 金鑰產生演算法來產生一對 Public Key 與 Private Key，所以 Public Key 才需要的身分背書。然而 CA 服務器也有開放源碼，表示任何人都可以自建 CA。為了有可信任的 CA，組織可以自己建 CA 服務器，也可以使用可信任第三方的 CA 服務。

舉例來說自然人憑證的 CA 就是內政部，工商憑證的 CA 就是經濟部。另外，VeriSign 與臺灣網路認證股份有限公司都是經營 CA 的公司。如前所

述，公開金鑰與私人金鑰藉由金鑰產生演算法就可產生，在私人金鑰簽章的應用上，若無法與簽章者身份綁定，就失去了簽章的意義。為了解決這個問題，因此才衍生了憑證管理中心 (CA，Certificate Authority) 的機制。公開金鑰的擁有者可以向 CA 申請數位憑證 (Digital Certificate)，CA 機構經過身分驗證的文件查核程序，若身分驗證無誤即發給數位憑證，此即為身份綁定。

收到一份有簽章的文件，如何驗證有效性？假設 { 文件 , 數位憑證 , 文件摘要訊息的簽章 } 是收到的內容，驗的步驟如下所述，首先檢查數位憑證的有效性，作法是向 CA 查詢憑證是否過期，如果沒有過期，就取出 CA 的數位憑證中的公開金鑰，然後「解密文件摘要訊息的簽章」後與重新計算出的文件的訊息摘要做比對，如果相同，表示確實是由 CA 所背書。

由憑證管理機構 (CA) 核發的數位憑證具有下列特性：

(1) 包含 CA 的公開金鑰，任何人均可取得經過驗證過的使用者公開金鑰。

(2) 除憑證管理機構外，任何人無法在不被偵測的情況下，變造數位憑證的內容。

(3) 因為數位憑證無法偽造，一般可放在公開目錄中，讓所有使用者用取。

(4) 所有使用者均採用同一憑證管理中心 (Certificate Authority,CA)，使用者可以相互信任。

(5) 使用公開金鑰加密的訊息，可達成安全且不被竊取的目的。

(6) 使用私人金鑰簽署的訊息無法被偽造。

為了讓應用系統可以將簽章與驗證的功能整合在其代碼中，CA 都會搭配 PKI 服務，所謂 PKI 是 Public Key Infrastructure 的簡寫。

PKI 服務包含了數位憑證的申請、查詢憑證有效期間、憑證註銷、以及 CA 簽章有效性驗證。https 是運用 PKI 的典型代表。

若我們信任某一 CA，則其簽章的數位憑證就是可信任的。在符號上可以寫成 X<<A>>，這個符號表示憑證管理中心 X 以私人金鑰對實體 A (Entity A) 的公開金鑰進行簽章，也就是 X 背書 A 的數位憑證。實際上，CA 是信任樹的結構，如下圖所示：

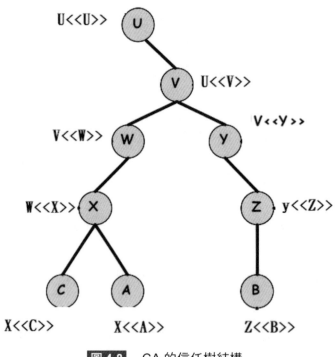

圖 4-8　CA 的信任樹結構

U《U》表示自己對自己簽章，U 是信任樹的根部，是信任的第一因，根部就是經營 CA 服務的組織本身。為了減低單一 CA 服務器的負擔，管理憑證的組織會建立 CA 的樹狀結構。根部 CA 有一個自簽名的憑證，也就是自己對自己的憑證簽章，每個從屬 CA 則都由上一階的 CA 背書其憑證。若

要驗證 CA 的簽章，則由憑證信任樹的最底部的 CA 往上進行。數位憑證擁有者必須信任根部 CA，因此提供 CA 服務的組織也必須努力經營其信任度。

我們已知道，數位憑證 (certificate) 是用來驗證某一實體 (Entity) 是否為特定公鑰的擁有人。為了在不同的實體，例如應用程式、系統、元件、裝備、設備之間能方便的流通憑證，有必要制定共通的格式。X.509 是目前最常用的憑證共通標準，X.509 憑證包含了幾個主要的欄位，包括：公鑰擁有者的名稱及序號、憑證簽章者的名稱、憑證有效期限、公鑰、CA 對公鑰的簽章。如下圖所示，

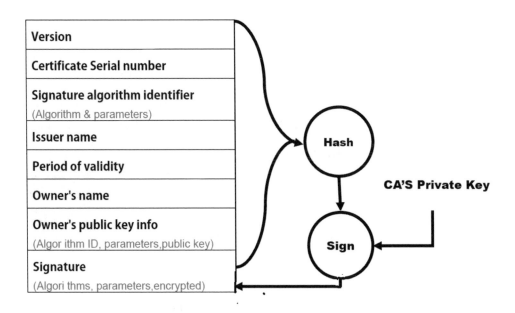

圖 4-9　X.509 版本 -(Version 1)

從上圖可以看到，x.509 的簽章欄位 (Signature) 的內容是 x.509 的其他欄位的雜湊值，經過 CA 的私人簽章後的結果。

認證機制 (Authentication) 是驗證身份真實性 (Authenticity) 的方法，其

中數位憑證是很重要的工具。如前所述，X.509 是一個重要的標準，定義了數位憑證的結構，X.509 數位憑證格式已運用在多種應用程式上，包含：

(1) 電子郵件 S/MIME 中

(2) IPSec（IP Security）

(3) SSL（Secure Socket Layer）Protocol

(4) SET（Secure Electronic Transaction）

(5) PEM（Privacy Enhancement for Internet Electronic Mail）

RSA 公司所制定的公開金鑰密碼系統標準（Public Key Cryptosystem）也採用 X.509 的資料格式 [PKCS]。

https 是運用 X.509 憑證的典型例子，若一個網址是以 https 開頭即代表此網站擁有憑證。在瀏覽器網址列的左方有一鎖頭符號，按下滑鼠右鍵可以看到此憑證的一些資訊。這裡以國立高雄科技大學的網站 https://www.nkust.edu.tw/ 為例，參考以下兩圖。

按下鎖符號即可看到憑證的相關資訊，從圖上可看到簽章演算法為 sha256RSA，雜湊演算法為 sha256。在公開金鑰，頁籤按下之後即可看到 2048 位元的 RSA 公開金鑰，內容出現在圖的後半段。

圖 4-10a　高科大 https 網站

圖 4-10b 高科大網站的憑證

　　圖中也可看到憑證的簽章者是 TWCA，臺灣網路認證股份有限公司。
再檢視圖上方的「憑證路徑」，可以看到 CA 信任樹的階層架構如下圖。

圖 4-11a 高科大數位憑證路徑

圖 4-11b　高科大數位憑證的指紋

從圖上的「詳細資料」可以看到「憑證指紋」欄位，這裡的指紋就是憑證的 HashValue。拷貝此指紋到 crt.sh 網站可以進一步檢視憑證的詳細資料。如下圖。

圖 4-11c　crt.sh 網站

如前所述，數位憑證的相關應用，一般都會以 PKI (Public Key Infrastructure) 服務的方式提供。PKI 服務可以實現在組織內，也可以由國家或第三方民間公司提供。PKI 主要的服務有 (1) 核發憑證 (2) 註銷憑證 (3) 驗證憑證是否有效。PKI 運作的核心是 CA(Certificate Authortiy)，而 RA(Registration Authority) 與 VA(Verification Authority) 則是協助的角色。RA 負責申請者的審核，審核通過後向 CA 提出核發數位憑證的要求。傳送端 (Sender) 使用自己的私人金鑰對文件進行簽章，之後將文件、簽章，以及憑證送往接收端。接收端若要驗證傳送端的數位憑證的真實性及有效性，則將數位憑證送往 VA，VA 則從 CA 已送來的憑證列表中取出對應的憑證進行驗證，如下圖所示。

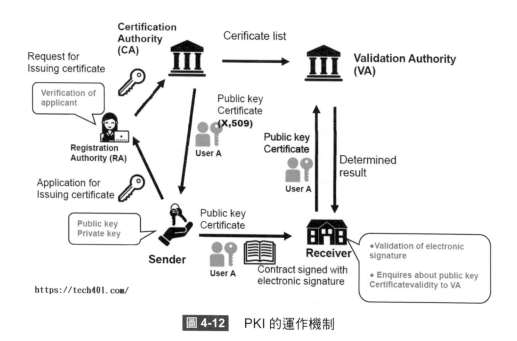

圖 4-12 PKI 的運作機制

數位憑證的典型運用是在瀏覽器與網頁服務器之間的資料傳輸，也就是 https，其程序如下所述：

(1) 當瀏覽器要與 Web 服務器建立安全通信通道時，它會請求服務器提供公鑰與數位憑證。

(2) 服務器將數位憑證傳給瀏覽器。

(3) 瀏覽器向 VA 要求驗證服務器的憑證的有效性。

(4) 若憑證有效，瀏覽器生成一個"話程密鑰 (session key)"，，然後使用服務器的公鑰進行加密，再將此加密過的話程密鑰傳送給服務器。

(5) 服務器使用其私鑰解密得到話程密鑰。

(6) 之後，雙方就使用此話程密鑰對傳遞的訊息以對稱式加密演算法加密。如此雙方即建立起一個安全通信通道。

　　數位憑證應用於 IoT 設備可以論述如下。IoT 互連的設備非常多元，包括手機、平板電腦、筆記型電腦、聯網車輛、醫療設備、路由器、智能鎖、恆溫器、可穿戴設備、服務器、服務元件、應用程式…等等。若要認真列，這個列表似乎永遠也列不完。事實上，Gartner 預測到 2021 年將有 250 億個連接的「物」。由於這種無處不在的連接，一個關鍵問題就出現了，「隨著所有連接的設備上網，需要一種方法來彼此識別身分」。數位憑證即可以扮演此一角色。未來將有愈來愈多的物聯網設備會依靠數位憑證進行身份驗證。

　　舉例來說，目前汽車都已連上網路，也內建了 GPS、OnStar 等監測功能。這些功能都具有數據連接點，數據和軟體的更新訊息在這些連接點及外部裝置之間來回傳遞。如果這些連接點中有任何資安漏洞，結果可能是災難性的，因為它會為惡意人士打開大門，侵入車用電腦以獲取敏感數據或向車輛發送惡意軟體。 因此，連接汽車的任何外部裝置、軟體都必須要有數位憑證以確保資訊安全，這一點至關重要。

　　醫療設備，例如手術機器人，以及新世代跑步機，都已經可連上網路，因此需要更嚴謹的安全預防措施。此外，下一代醫療設備的任何軟體都必須是可更新的，以便製造商可以輕鬆解決無意中出現的錯誤和方便修補安全問題。雖然這有很多好處，但無疑的也為惡意人士創造更多入侵漏洞。PKI 可核發數位憑證給設備和與之通信的任何軟體元件，如此一來，任何一方都可以對數據的來源端進行身份驗證，以確保數據和軟體更新是來自特定的對象。

　　事實上，數位憑證的應用快速增長，很大程度上要歸功於物聯網製造商需要有一個能完成設備身份鑑別與資料加密的技術。但是，如果沒有適當的方法來發佈和管理物聯網所部署的數百萬個憑證，那麼將影響 IoT 的可擴展性。於是就有 PKI 服務的出現。PKI 是一個由硬體、軟體、策略和程序所組成的框架，用於創建、管理、發佈和更新數位憑證。幾十年來，PKI 一直都是網際網路安全的支柱，現在它正在成為一種靈活且可擴展的 IoT 資安的解決方案。使用 PKI 保護物聯網設備的方式有以下幾種：

1.　**唯一身份鑑別**：藉由將代碼與設備的憑證或數位指紋嵌入到每台設備中，設備即具備身份鑑別與安全的網路接用 (network access) 功能，也就是具備了安全代碼執行的特性。憑證可以根據製造商的政策進行客製化，也可以根據單一設備的特性進行更新或撤銷。

2.　**彈性的 PKI 服務提供 (Service Provisioning) 方式**：P K I 服務可以使 用 REST API、SCEP(Simple Certificate Enrollment Protocol) 和 EST(Enrollment over Secure Transport) 等協定的方式提供。

3.　**較強安全性**：若數位憑證是由可信任及管理良好的 CA 的 PKI 所背書時，就能提供比其他身份驗證方法更強的安全性。甚至物聯網設備也可以使用安全硬體元件儲存私人密鑰。

4. **低記憶體空間需求**：即使計算能力和記憶體有限的設備仍然可以使用非對稱密鑰。橢圓曲線加密 (ECC) 已是物聯網的首選演算法，因為 ECC 可以使用較少位元的金鑰進行加解密運算，所以很適合聯網設備和傳感器。

　　總結來說，PKI(公鑰基礎建設，Public Key Infrastructure) 可以說已是網際網路安全 (Internet Security) 的業界標準，如前所述，PKI 也已經是物聯網安全的關鍵解決方案。 PKI 可以用來達成系統、設備、軟體元件的身分認證，藉此用來建立和支持物聯網生態系統的安全性和信任。換句話說，PKI 在物聯網的角色是提供強大的身份認證並創建信任 (Trust) 的基礎設施 (infrastructure)，在此信任基礎上，系統，設備，應用程式和使用者可以安全地交互運作與交換敏感數據。PKI 和其衍生的信任社區 (trust communities) 涵蓋了物聯網專案所需要的關鍵安全要求，包括加密，身份驗證和數據完整性。以設備需要身份驗證機制的情況為例，PKI 提供真正相互操作性的業界標準，通常可在 IoT 設備中實作一個安全的軟體元件或硬體元件，（例如 PKI 晶片），元件能夠生成和存儲並使用無法由第三者導出的私密金鑰 (Private Key)。如此一來，有心人士就無法複製或冒用該設備。

　　做為網路工作站，電腦也算是一種 IoT 設備，也可以查到數位憑證的訊息，以 Windows 作業系統為例，查看步驟如下，從開始功能表進行。依序選按「開始」/「 Windows 系統」/「控制台」/「網際網路選項」/「內容」/「憑證」/「受信任的根憑證授權單位」，即可查看到以下圖的訊息。

圖 4-13　Windows 系統用戶端憑證

　　選按「匯出」，匯出成 .cer ，例如 Verisign.cer 檔。之後，在檔案上按滑鼠右鍵，選用【密碼編譯殼層延伸】開啟後可以檢視憑證內容，如下圖：

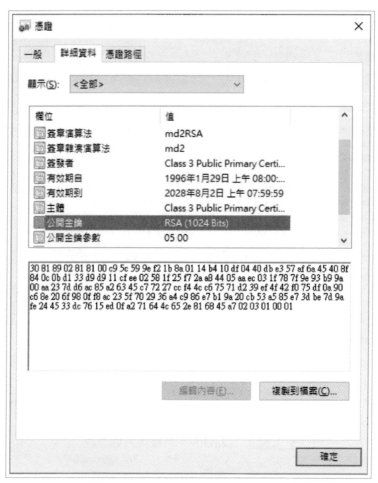

圖 4-14　Windows 系統用戶端公開金鑰

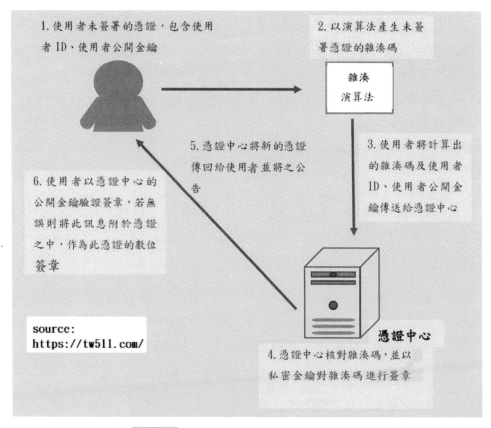

1. 使用者未簽署的憑證，包含使用者 ID、使用者公開金鑰

2. 以演算法產生未簽署憑證的雜湊碼

雜湊
演算法

3. 使用者將計算出的雜湊碼及使用者 ID、使用者公開金鑰傳送給憑證中心

5. 憑證中心將新的憑證傳回給使用者並將之公告

6. 使用者以憑證中心的公開金鑰驗證簽章，若無誤則將此訊息附於憑證之中，作為此憑證的數位簽章

source:
https://tw511.com/

憑證中心

4. 憑證中心核對雜湊碼，並以私密金鑰對雜湊碼進行簽章

圖 4-15 憑證中心認證公開金鑰的程序

　　憑證授權中心，核發數位憑證的互動步驟如上圖。由憑證管理機構 (CA) 核發的數位憑證具有下列特性：

(1) 任何人均可取得經過 CA 認證過的使用者公開金鑰。

(2) 除認證管理機構外，任何人無法在不被偵測發現的情況下，變更數位憑證的內容。

(3) 因為數位憑證不易偽造，一般可放在公開目錄中，讓所有使用者存取。

(4) 若所有使用者均採用同一憑證授權中心 (certificate Authority,CA)，使用者可以相互信任。

(5) 使用公開金鑰加密的訊息，可達成不易被竊取的資安目的。

(6) 使用私密金鑰簽署的訊息，可達到來源端不可否認。

4.6　存取控制 (Access Control)

　　存取控制是網路、系統、應用程式、服務器，以及裝置的安全防護核心。存取控制可從 AAA 三個面向討論。AAA 分別是 Authentication、Authorization、Accounting。說明如下。

(1) 鑑別 (Authentication) 是 AAA 架構的第一道關卡，指的是要鑑別使用者或裝置或元件的身份。鑑別形式大致可以分為三種，按照認證強度由弱到強排序，分別是：

A. 你知道什麼 (例如：密碼、密保問題等)；

B. 你擁有什麼 (門禁卡、安全權杖等)；

C. 你是什麼 (生物特徵，指紋、人臉、虹膜等)。

(2) 授權 (Authorization) 是對資源使用之控管，也就是決定哪些使用者可以使用那些特定的資源，授權是政策管理 (Policy Administration) 的核心工作項目，也就是根據安全政策給予使用者所能擁有的權限。

(3) 紀錄 (Accounting) 是度量測 (measuring)、監督 (monitoring)、報告 (reporting) 各種資源使用量及事件紀錄（log），以提供後續的稽核 (Audit)、計費 (billing)、分析 (analysis) 與管理之用。紀錄是為了收集使用者與系統之間互動的資料。「一般應用系統」的「存取控制」多半是指的是「認證」與「授權」的管理，不含記錄部分。但

不是表示 Accounting 不重要，Accounting 也可以視為資安威脅對治手段之一。據統計，在澳洲 (Australia) 及紐西蘭 (New Zealand) 有高達 80% 的資安危害是沒有被記錄的。這是高得嚇人的情況，可見 Accounting 的重要。

(3) 紀錄 (Accounting) 是度量測 (measuring)、監督 (monitoring)、報告 (reporting) 各種資源使用量及事件紀錄（log），以提供後續的稽核 (Audit)、計費 (billing)、分析 (analysis) 與管理之用。紀錄是為了收集使用者與系統之間互動的資料。「一般應用系統」的「存取控制」多半是指的是「認證」與「授權」的管理，不含記錄部分。但不是表示 Accounting 不重要，Accounting 也可以視為資安威脅對治手段之一。據統計，在澳洲 (Australia) 及紐西蘭 (New Zealand) 有高達 80% 的資安危害是沒有被記錄的。這是高得嚇人的數據，可見 Accounting 在資安作為的重要性。

　基於數位憑證的鑑別協定包括二種，分別是 (1) 單向認證 (2) 雙向認證。單向認證（One-way authentication）是最簡單的認證方式，用戶端只需提供訊息給伺服端做身分確認，伺服端確認後就允許用戶端的登入。

　訊息中包含時戳 (tA)、 隨機值 (rA)、B 的 ID(IDB) 及以 B 的公開金鑰 Ekub 加密後的話程金鑰 (Kab)，除此之外，也可於之中附加其他訊息，例如簽章訊息 (sgnData)，以上所有訊息必須以 A 的私人金鑰加密後傳送。如下圖之示意圖，

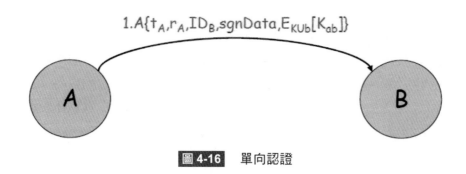

$$1.A\{t_A, r_A, ID_B, sgnData, E_{KUb}[K_{ab}]\}$$

圖 4-16　　單向認證

　　除了數位憑證身分鑑別方法，之外還有雙因子 (Two Factor) 或多因子 (Multi-Factor) 身份鑑別機制也越來越普遍地使用於關鍵應用資訊系統。多因子身份鑑別機制可以使用金鑰卡 (Key Card)、智慧卡 (Smart Card) 或 USB 符記 (Token) 實作。

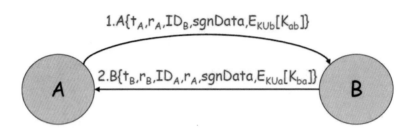

1.A{t_A,r_A,ID_B,sgnData,$E_{KUb}[K_{ab}]$}

2.B{t_B,r_B,ID_A,r_A,sgnData,$E_{KUa}[K_{ba}]$}

圖 4-17　雙向認證

　　雙向認證（two-way authentication）之認證內容可區分明文盤問、密文盤問及時間戳記盤問三種方式。伺服端認證大多採用盤問 / 回應 (challenge/response)。

4.7　網路基礎設施的資安技術

　　IP 位址只有 32 位元，由於網路節點數目增加非常快速，早就不敷使用。解決的方法有兩種，一種是增加位址長度，也就是 IPv6，這裡的 v6 是版本 6，而之前的版本是 IPv4。增加位址長度，必須所有路由器網路設備都需隨之升級，難度非常高，以致 IPv6 推動多年，一直成效不彰。第二種方法是使用 NAT(Network Address Translation，網路位址轉譯) 機制。顧名思義，NAT 就是將一組 IP Address 轉換成另一組 IP Address。前一組就叫做 Private IP，後一組就叫做 Public IP，一般俗稱為假 IP 與真 IP。NAT 裝置的真 IP 可連到網際網路，內部子網路所使用的假 IP 則無法直接連到網際網路，而必須透過 NAT 才能連到網際網路，如下圖所示：

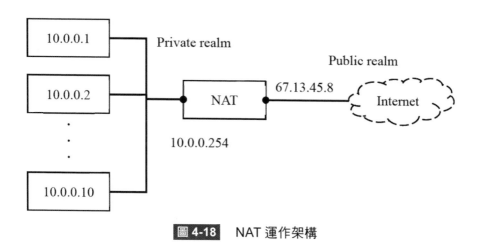

圖 4-18　NAT 運作架構

　　上圖中 NAT 左邊的網路節點的 IP 位址 10.0.0.X 是俗稱的假 IP，右邊的 IP，67.13.45.8 則是真 IP。

　　假 IP 的封包經過 NAT 轉換成真 IP 的封包傳送至網際網路的另一個節點 A 收到後，若需回傳，也只回，節點 A 收到後，若需回傳，也只回傳給 NAT，NAT 再轉給對應的假 IP Address，例如 10.0.0.1。

　　NAT 的一端有許多假 IP，那麼它要如何判斷要轉給那一個？這有許多作法，解法之一是使用轉埠層的埠號 (port number) 做對應，在 NAT 上會維護一個 Socket 的內外對應表，如下表所示，

表 4-2

10.0.0.1:8888	67.13.45.8:8888
10.0.0.1:999	67.13.45.8:999
10.0.0.1:555	67.13.45.8:444
.	.
.	.
.	.

當 10.0.0.1 要與網際網路的目標節點 163.18.53.38 的網頁服務器溝通，於此情況，Destination IP Address 與 Destination Port number 是已知的，從 Socket 端點對端點的角度呈現，如下

10.0.0.1:8888　◄─────────►　163.18.53.38:80

實際上經過 NAT 之後，端點對端點的溝通會是：

67.13.45.8:8888　◄─────────►　163.18.53.38:80

從 163.18.53.38:80 回應的封包當然是給 NAT 的 67.13.45.8:8888，之後查詢 Socket 就知要轉給 10.0.0.1:8888。NAT 私人網路的節點必須主動對外連線，才能與外部節點建立連線，換句話說，外部節點無法探知到 NAT 內部的網路節點。這就提供了起碼的網路安全。假 IP 的常用網段範圍有 3 個，分別是「10.0.0.0~10.255.255.255」、「172.16.0.0~172.31.255.255」、以及「192.168.0.0~192.168.255.255」。也就是說若將 IT 與 IoT 裝置限制在 NAT 的私人網路界域內，即能有一定的資安保護效果。

一般來說，NAT 機制通常與路由器一起運作。WiFi 子網路通常是使用假 IP，這才須配合 DHCP(動態主機組態協定 ,Dynamic Host Configuration Protocol) 運作的 IP 分享器。如此一來，就是將一個對外的公開 IP 讓多部網路設備分享，藉此達到部分資安防護的目的。

為了減少外部攻擊者探測內部 IP 位址的機會，可以將多個真 IP 組成一個 IP 池 (pool)，然後設定私人網路中的某網路段內的網路設備皆可經由池中的 IP 轉譯，使用後再釋放回 IP 池中。這種方式叫做動態 WiFi。

　　防火牆 (Firewall) 可以隔離組織的內部網路與外部網路，外部網路通常是指網際網路，如下圖所示，

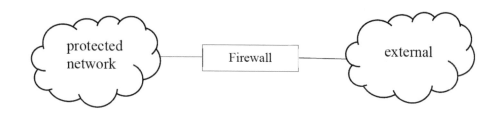

圖 4-19 防火牆的架構

　　防火牆上會設定封包過濾規則，允許某些封包經過，某些封包則被阻斷。防火牆可視為企業內網與外網之間的安全閘道。防火牆的存取控制 (Access Control) 行為包括封包過濾、加密、或訊務日誌記錄，是安全策略的執行點 (policy enforcement point)。

　　防火牆封包過濾一般都是依不同的安全策略針對網路各層協定做設定。例如下表就是幾種不同的安全策略之防火牆設定規則 (ACL，Access Control List)。

　　ACL 規則套用之優先序是由上而下，而在最後會設定一個規則做為預設，也就是從上而下的規則若有符合則套用該過濾規則。但若都不符合就套用最後一個規則。如下表所示。

action	source address	dest address	protocol	source port	dest port	flag bit
deny	163.19.0.0/16	outside of 163.19.0.0/16	TCP	>1023	80	any
allow	outside of 163.19.0.0/16	163.19.1.4	TCP	>1023	80	SYN
allow	outside of 163.19.0.0/16	163.19.0.0/16	UDP	>1023	53	---
allow	outside of 163.19.0.0/16	163.19.0.0/16	UDP	53	>1023	----
deny	all	all	all	all	all	all

上表的防火牆 ACL 設定是拒絕子網路 ID,163.19.0.0 的所有節點向外連接到 www 服務器，而且允許外部網路連到 163.19.0.0 子網路的一些服務器另外，防火牆一般與路由器整合在一起，但路由器一般都有多個介面 (interface)，ACL 可以針對每一個介面做封包過濾設定。

防火牆的資安策略是目的導向，例如不允許內部網路拜訪外部網路的網站伺服器，或者外部網路只能拜訪內部網路的公開網頁伺服器，禁止串流視訊，例如上表的 ACL 設定就是實現所述資安策略的手段。

4.8 入侵偵測與入侵保護系統

針對 DDoS(分散式服務阻斷攻擊) 的防治除了基於網路層與 TCP/IP 的解決方案，可以使用封包監測、入侵偵測系統。除此之外其他緩解方案還包括：

(1) 監督系統或設備的資源以確保足能維持服務。

(2) 檢測資源枯竭情況以進行早期補救。

(3) 對資源密集型軟體或服務進行特別管制。

(4) 在物聯網元件上強制設定資源消耗閾值。

(5) 限制共時 (Concurrent) 之話程 (session) 數目。

網路層與轉埠層的資安威脅解決方案主要有下列幾種作法 (1) 入侵偵測 (2) 防火牆，含封包過濾 (filtering) 可依協定型態、轉埠層埠號、來源 IP、目標 I P 做過濾 (3) 子網路切割 (4) 使用 VPN 或專線 (leased line)。

子網路切割主要是透過路由器 (Router) 與交換器 (Switch) 達成，將各個不同的信任邊界分置在不同子網路，舉例來說，物聯網邊緣閘道器放置於內部子網路，底下是物聯網網路環境的示意圖：

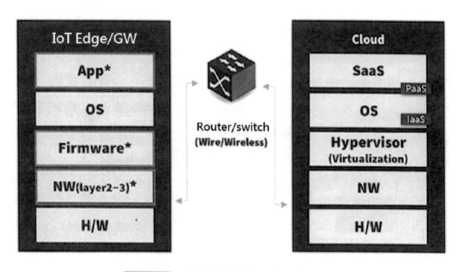

圖 4-20 物聯網網路環境示意圖 [26]

邊緣閘道器放置在內部子網路是一個常見的部署方式，而會對外部網路使用者開放的伺服器則建置在防火牆之外，也就是閘道器則部署在防火牆內，如下圖就是將場域閘道器放置在防火牆內部，影像伺服器，AP 伺服器則放在防火牆外埠所示。

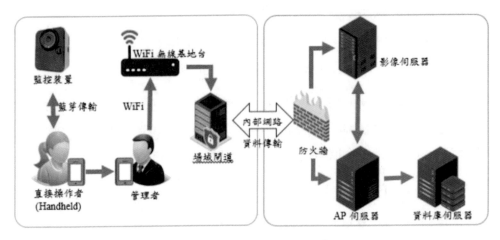

圖 4-21　閘道器部署在內部網路的示意圖

　　虛擬私有網路 (VPN，Virtual Priavte Network) 是在公眾網際網路上建立一個類似專線的數據通道。VPN 技術已廣泛應用於企業的工作環境，工作者可從遠端裝置經由 VPN 連線到企業的內部網路。遠端裝置除了電腦之外，也可以是智慧型手機與平板電腦。VPN 技術可以讓公司擴廣網路資源到分公司，家庭辦公室，以及企業夥伴公司。VPN 是加密通道，能夠機密地傳送資料，如此可防止未經授權的人員竊聽資料與接用 (Access) 系統。這樣的概念叫做安全遠端接用。

　　VPN 能夠在企業外部裝置與企業內部網路間建立安全連線。這些遠端外部裝置稱為端點，VPN 技術日益成熟，能夠在端點上執行安全檢查以確保端點連線之前符合企業所制定的資訊安全政策。

　　企業使用來部署遠端接用 VPN 的技術主要有 SSL VPN 與 IPsec。另外連結 VPN 服務器有專用的客戶端軟體可以使用。FortiClient 是 Fortinet 公司開發的免費終端裝置 VPN 的連線軟體，支援 IPSec VPN 和 SSL VPN 連線，可安裝在 PC、 Laptop、Phone、Tablet…等裝置上。以在 Windows 系

統安裝 FortiClient 為例。首先至網路下載 FortiClientVPNSetup_6.2.0_x64.
exe 軟體安裝完成後,會在桌面上看到「FortiClient VPN」圖示,滑鼠點擊
後就可以開始設定,如下圖所示。其中「連接名」欄位填入可讓自己識別
的文字,例如:「NKUST SSL VPN」。「遠程網關」欄位填入「sslvpn.
nkust.edu.tw」,勾選「自定義端口」及後面填入數字「10443」。「認證」
欄位點選「保存登錄名」。

　　「用戶名」欄位填入資訊單位所核發的帳號,例如:「2101308102」。
勾選「遇到無效的伺服器証書不提示」,最後點擊「保存」。

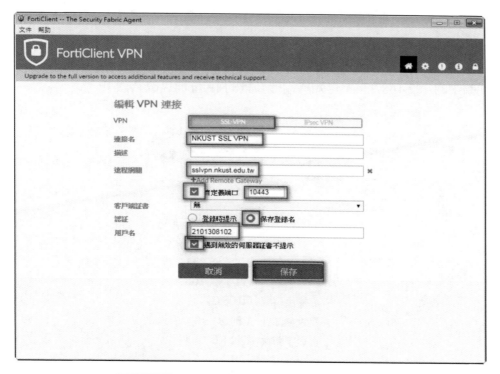

圖 4-22a　Forticlient VPN 客戶端程式的操作

　　接下來填寫「密碼」欄位，填入自己組織所設定的帳號，通常是電子郵件，以及密碼，再點擊「連接」。如下圖。

圖 4-22b　Forticlient VPN 客戶端操作～連結

　　帳號密碼通過 VPN 服務驗證後，會出現 VPN 已連接畫面，如下圖。從圖中的 192.168.234.1 可知終端機裝置的 IP 位址以改為假 IP。

VPN 名稱	NKUST SSL VPN
IP 地址	192.168.234.1
用戶名	2101308102
連接時間	00:00:04
接收字節數	1.8 KB
發送字節數	1.91 KB

中斷連接

圖 4-22c　VPN 已連接的畫面

SSL VPN 也已經內建在最新的網頁瀏覽器，也就是網頁瀏覽器可直接建立遠端接用 VPN 連線。如此一來，SSL VPN 技術可以有效降低 VPN 的客戶端軟體成本，因為大部分使用者都不再需要安裝額外的客戶端軟體。SSL VPN 使用 SSL 協定及其後續新協定 TLS(Transport Layer Security)，藉此建立遠端使用者及內部網路資源之間的安全通道。因為大部分的網頁瀏覽器都已內建 SSL/TLS，所以 SSL VPN 也被稱為不需要客戶端軟體的 VPN(clientless VPN) 或網頁式 VPN(Web VPN)。

實際上 VPN 拓樸 (VPN topologies) 主要有三種，如下所列：

(1) Hub-and-Spoke

多個遠端裝置 (Spoke) 與中央裝置 (Hub) 能安全地通信，在 Hub 與每一個 Spoke 都有一個獨立的安全通道。

(2) Point-to-Point

兩個端點 (End point) 可以彼此通信，而且可以自行啟動連線。

(3) Full mesh

網路裝置可以跟任何其他網路裝置藉由一個唯一的 IPsec 隧道 (tunnel) 建立安全通道。

我們前面所討論的 SSL VPN 可以視為 Point-to-Point。在場域的物聯網裝置一般都是建置在無線區域子網路內，因此 WLAN 也是關鍵。

在場域的物聯網裝置一般都是建置在無線區域子網路內，因此 WLAN 也是關鍵。限制接用是 WLAN 常用的資安防護手段。主要有兩種，一種作法是 MAC 位址過濾，也就是網路管理者在 AP 上建立 MAC 位址過濾清單如下圖所示，

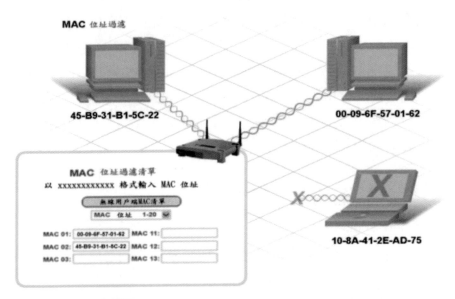

圖 4-23　WLAN 之 MAC 位址過濾方式的資安防護

　　另一種是「身份認證」，行動裝置送出帳號密碼後，AP 向後端認證服務器查詢是否為合法使用者，如下圖所示，

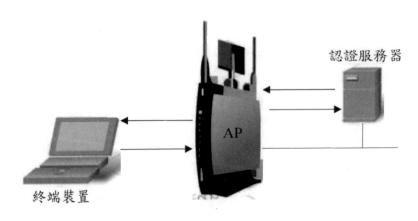

圖 4-24　WLAN 之身分驗證資安防護

4.9 RESTful API 安全機制

　　IoT 系統通常會使用到第三方的雲端運算平台 (Cloud Computing Platform)，大部分的雲端運算平台都已將資安納入考量，雲端運算參考架構如下圖所示。IoT 系統應該選擇符合此架構的雲端運算平台做為底層的基礎運算架構。

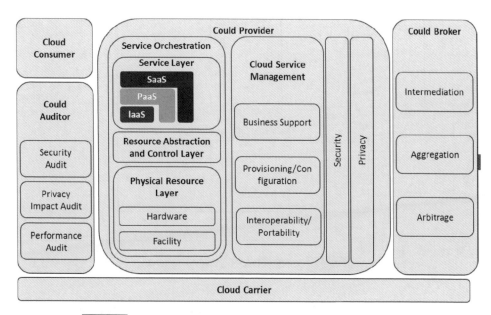

圖 4-25　Cloud Computing Reference Architecture [26]

　　物聯網雲服務平台最關鍵的功能，包括設備管理、資料的收集、分析、決策以及視覺化呈現。物聯網雲平台需要管理與之連接的智慧物件或設備，並追蹤這些設備的運行狀態；還需要能夠處理資源配置、軟體更新，並提供設備級的錯誤報告和處理方案。這表示物聯網雲服務平台必須開放應用程式介面 (Application Programming Interface) 以便物聯網智慧物件能夠接用平台的服務。物聯網平台的功能和資料可以由 API 訪問，其中具彈性的

REST API 即可運用於此一目的。既然眾多 IoT 設備與物聯網平台連接，這表示我們需要處理的漏洞也相應得多，這就需要特別重視其資安議題。REST API 的安全機制從使用者端開始之示意圖如下圖。

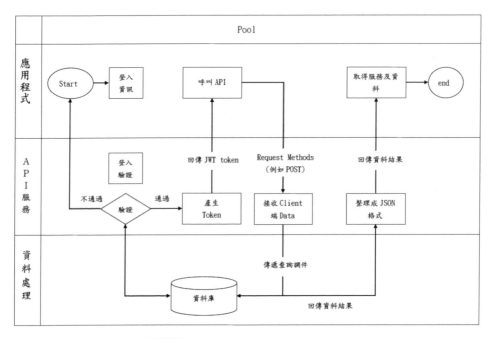

圖 4-26　REST API JWT 安全機制

我們之前已提過 REST 全名是 Representation State Transfer(表現層狀態轉移)，是一種設計風格。RESTful 是形容詞，用來形容以此規範所設計的 API，稱為 RESTful API。

RESTful API 主要由三種元件組成，分別是

(1) Nouns 名詞：定義資源位置的 URL，每個資源在網路上都會有唯一的位址，就如同每戶人家都有唯一的地址一樣。

(2) Verbs 動詞，對資源要執行的動作，主要是讀與寫。

(3) Content Types 資源呈現的方式，服務器資源可以以多種方式表現，最常用的格式是 JSON，因為較不占系統資源。

圖中的 JWT 的全名是 JSON Web Token，是一種基於 JSON 的開放標準 (RFC7519) 所定義的一種簡潔 (compact) 且自包含 (self-contained) 的機制，應用在客戶端與服務端雙方之間能安全地以 JSON 物件傳輸資訊。JWT 機制使用數位簽章 (Digital Signature)，因此可以被驗證及信任。也就是使用使用私鑰來對 JWT 進行簽章，經公鑰驗證通過過，客戶端應用程式才能使用服務與要求資料。

4.10 轉埠層安全協定

TLS(Transport Layer Security) 協定可以支持兩個應用程式之間的身份驗證與加密通訊的實現。TLS 經由交握過程 (handshake process) 建立兩端點之間的 TLS 加密話程連線 (communication session) 後，即可使用機密方式互相交換資料或決定訊息。交握過程包括驗證對方身份、決定 TLS 的版本 (TLS1.0、1.2、1.3、...) 加密演算法、以及協商出話程金鑰 (session key)。話程金鑰是要做為對稱式加密的密鑰。TLS 的前身是 SSL(Hard Shaking)，許多人仍習慣使用 SSL 的名稱，不過現在幾乎都是使用 TLS 協定。而 TLS 交握發生在客戶端要與服務器建立加密話程時而且 TLS 交握發生在 TCP 交握完成並建立連線之後。

TLS 交握過程包含了一系列訊息交換及處理步驟，敘述如下：

(1) 客戶端送出 "client hello" 訊息給服務器。訊息中包含 TLS 版本、密碼套件 (cipher suites)，以及一個叫做「client random」的隨機字串。

(2) 服務器送出 "server hello" 給客戶端。訊息中包含服務器的 SSL 憑證、服務器所選用的密碼套件，以及一個叫做「server random」的隨機字串。

(3) 客戶端驗證服務器的憑證。也就是使用 CA 的公開金鑰驗證服務器的憑證是否確實由可信任的 CA 所核發。

(4) 客戶端送出預設置主鍵碼 (premaster secret)。「premaster secret」是使用服務氣的金耀對一串隨機產生的。加密鎖看出的密文而服務器的公開金鑰可以由服務器的 SSL 憑證中取得。

(5) 服務器使用其私人金鑰解出「premaster secret」。

(6) 客戶端與服務器使用「client random」、「server random」、以及「premaster secret」產生話程金鑰。雙方所產生的話程金鑰應該會相同。

(7) 客戶端送出「finished」訊息表示客戶端已準備好。此訊息會使用話程金鑰加密。

(8) 服務器送出「finished」訊息表示服務器已準備好。此訊息會使用話程金鑰加密。

(9) 安全的對稱加密通道建立。自此之後，兩端點之間的訊息即使用話程金鑰加密。上述步驟人如下圖所示。

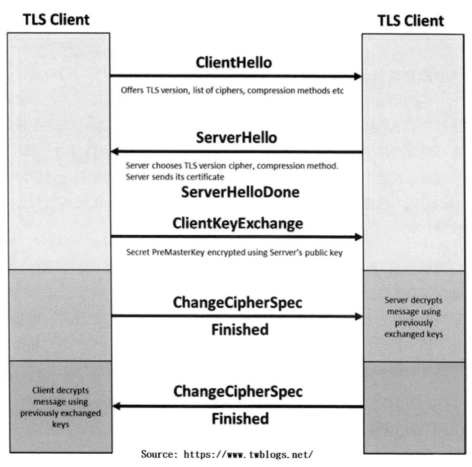

圖 4-27 TLS 交握過程

4.11 資安測試與滲透測試

　　對網路裝置或設備進行搜尋可初步測試資安狀況。例如可以我妹在之前已介紹的使用 IoT Devices 的搜尋工具，Shodan 進行檢測。Shodan 雖然也是搜尋引擎的概念，但不像 Google 那樣的通用型搜尋引擎，Shodan 是用來搜尋網際網路中連上網的裝置，Shodan 很容易上手，可以搜尋 IP、網址，以及關鍵字像是 Webcam，cisco 等等 [15]。當然利用監聽軟體再分析封包內容的方式，也會揭露一些弱點，此部分可以使用 Wireshark 之類的封包監看軟體。

　　滲透測試 (Penetration Test) 是指具備資安知識、經驗、及技術的人員或團隊接受組織或企業委託，為僱主的網路裝置、系統、應用程式，以類比駭客的手法對網路或主機進行攻擊測試，目的是發現資安漏洞、並提出改善方法。滲透測試常用的工具有 nmap、netsta、Wireshark…等，尚有許多開放原始碼 GPL 授權的網路安全工具可以使用，包括：

(1) 封包分析軟體 (Wireshark 封包分析軟體)

(2) 掃瞄軟體 (Port 掃瞄軟體 NMAP)

(3) 弱點偵測 (弱點偵測 NESSUS)

(4) 入侵偵測系統 (入侵偵測系統 SNORT)

下表即是三種類型的滲透工具 (Penetration Tool) 的列表。

表 4-3 Table 網路分析軟體

類型	網路分析軟體
Reconnaissance (偵察)	Nslookup Whois ARIN Dig Target Web Site Others
Network Scanning (掃瞄)	Telnet Nmap Hping2 Netcat ICMP: Ping and Traceroute
Vulnerability Assessment (弱點評估)	Nessus SARA

也有許多開放原始碼 GPL 授權的網路安全工具可以使用，包括：

(1) 封包分析軟體 (Wireshark 封包分析軟體)

(2) 掃瞄軟體 (Port 掃瞄軟體 NMAP)

(3) 弱點偵測 (弱點偵測 NESSUS)

(4) 入侵偵測系統 (入侵偵測系統 SNORT)

第五章

IoT 資安威脅分析

5.1　STRIDE 威脅分類

　　資安威脅塑模 (Threats Modeling) 是一種結構化的流程，藉由此流程，IT 專業人員和網路安全專家可以檢視可能的安全漏洞、弱點和威脅，以衡量每種潛在風險的發生機會與嚴重性，並提出緩解攻擊的方法以及訂定因應作為的優先順序。目前已有許多資安威脅塑模的方法論提出，若從要能使用來做系統化的分析 IoT 系統的資安威脅角度看，由 Microsoft 所提出的 STRIDE 模型是許多研究者所建議的模型。STRIDE 是六個英文字的首字母縮寫，分別是欺騙 (Spoofing)，篡改 (Tampering)，抵賴 (Repudiation)，資訊洩露 (Information Disclosure)，拒絕服務（DoS, Denial of Service）和權限升級 (Elevation of Privilege)，如下圖所示。

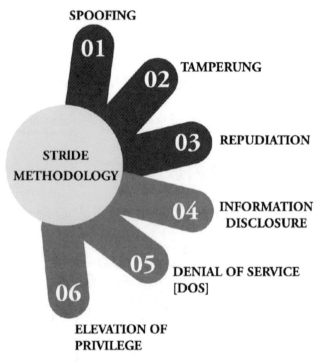

圖 5-1　STRIDE 資安威脅塑模方法論 (source:[9])

依據 STRIDE 模型，資訊安全專家可以針對 TIoT 系統可能發生什麼資安風險？"進行分析。[9]

STRIDE 的每種威脅多多少少都會對 CIA 等六種資安要素有所影響，如前一章所述，六大資安要素是 Confidentiality（機密性）、Integrity（完整性）、Availability（可用性）、Autheticity（身份鑑別性）與 Authorization（授權性），以及 Non-Repudiation（不可否認性）。STRIDE 威脅類別與這六個資安要素的對應如下表所示 [10]：

表 5-1 STRIDE 與 CIA 的關係表

Security elements	Threat class	Example
Authentication、Authorzation、Confidentiality、Integrity	Spoofing	假冒他人身分登入系統、設備假冒
Integrity	Tampering	修改資料庫內的資料、竄改網路上的傳送資料
Authentication Non-Repudiation	Repudiation	某人否認其操作過的網路行為。
Confidentiality	Information Disclosure	資料被竊取、資料洩漏
Availability	Denial of Service	系統因受到分散式拒絕服務的攻擊、網路無誤中斷
Authorization、Authentication、Confidentiality、Integrity	Elevation of Privilege	一般權限升級為超級使用者權限

「欺騙」和「權限提升」威脅會影響授權性、身分鑑別性、機密性和完整性，「抵賴」威脅影響身分鑑別性及不可否認性。「篡改」威脅影響「完整性」。「資訊透露」威脅危及「機密性」，而「拒絕服務」威脅會

損害「可用性」。下表則列出 STRIDE 所危害之最主要大的資安要素及可能的對治作法。六大資安要素就是資安防護與緩解的目標。

表 5-2　STRIDE 資安威脅的緩解技術

資安威脅類型	危害之資安要素	可能的對治作法
Spoofing	Authentication	●身份鑑別 ●PKI SSL/TLS 及憑證 ●程式代碼與資料的數位簽章
Tampering	Integrity	●MAC(訊息驗證碼) ●數位簽章
Repudiation	Non Repudiatio	●數位簽章 ●CA
Information Disclosure	Confidentiality	●對稱式公開金鑰加密
Denial of Service	Availability	●封包過濾 ●流量限制 ●入侵偵測系統
Elevation of Privilege	Authonization	●存取清單 ●AAA 原則

欺騙攻擊 (Spoofing) 主要會破壞身份鑑別性。最常見的欺騙攻擊是密碼猜測，使用簡單的四位數字密碼，使用易於猜測的個人資料（例如您的生日，出生地，寵物名稱或姓氏）做為密碼，都是密碼猜測容易得逞的情況。攻擊者也可以假冒應用程式，資料封包，以及 IoT 裝置。另外冒充手段還有 DN(Domain Name) 欺騙、ARP 欺騙、DNS 欺騙，以及 IP 欺騙。

篡改 (Tampering) 攻擊涉及修改記憶體，磁碟，網路或資料庫的某些內容，這主要會破壞完整性。只有授權用戶才可以修改系統的數據，如果惡意黑客滲透到系統中並竄改數據有可能會造成嚴重後果。

抵賴 (Repudiation) 是宣稱沒有做某事、沒有送出資料或沒有收到資料，這使得行為與身分無法聯繫起來，這違反了不可否認性。多數情況下，攻擊者不希望暴露身分或位置，因此他們為了隱藏自己的惡意活動，但會先入侵到跳板以避免被發現或阻止。當被發現後則會否認發起任何攻擊。舉例來說，常運用在 IoT 領域的 iLnkP2P 已安裝在數百萬個攝影機，門鈴和嬰兒監視器中，其上的安全漏洞使黑客能夠登入該裝置，並以該裝置做為跳板，發動像 DDoS 之類的攻擊。裝置管理者當然會否認有執行此惡意活動，而是堅稱自己也是受害者。駭客更是可以從頭至尾，否認參與，雖然他就是始作俑者。

資訊洩露 (Information Disclosure) 是指資料洩漏給非授權用戶，這違反了機密性。若被安裝了後門的系統含有惡意攻擊者所需的機密和敏感資訊，就有可能洩露。例如，攻擊者可以利用 SQL 注入 (SQL injection) 之類的攻擊來讀取資料庫，從而取得機敏資料。資訊洩漏攻擊者也可以嘗試以下操作以獲取機敏資料：

(1) 利用不合適的 ACL 或資料庫登入權限。
(2) 從日誌 / 臨時文件或交換文件中檢索有用資料。
(3) 在磁碟中找到加密密鑰或其他機敏資料。
(4) 在文件名或目錄名稱中發現有用的資訊。
(5) 登入設備，啟動後查看網路訪問軌跡。

阻絕服務（DoS, Denial of Service）是將提供服務的系統資源耗盡，使無法再提供服務，這會違反可用性。系統通常用於特定目的，例如應用於銀行業應用程式。攻擊者會試圖癱瘓系統使得授權用戶無法使用系統，藉此勒索金錢。攻擊者可以針對處理程序，記憶體或網路流量進行 DoS 攻擊。在針對網路流量的 DoS 中，攻擊者所做的就是消耗網路資源。在針對記憶體的攻擊中，攻擊者會填滿暫存區，或發出大量的請求來降低系統速度。

　　Netscout system 公佈 2021 年「威脅情報報告」，報告中提到，美國最大燃油輸送公司 Colonial Pipeline、全球最大肉品商 JBS、英國教育慈善機構哈里斯聯邦 (Harris Federation)、澳洲廣播公司 Channel Nine、美國第七大商業保險公司 CAN Finance 等都曾遭受重大駭客 DDoS 攻擊，可見 DDoS 網路攻擊已讓全球各企業、各組織產生更大的資安危機意識。

　　供應鏈攻擊日益增加，駭客會將攻擊集中在重要的網路設備上，包含 DNS 服務器、VPN 服務器、IoT 閘道器。DDoS 攻擊甚至會與勒索軟體結合在一起。DDoS 攻擊類型包括 DNS 反射 / 放大攻擊、TCP ACK 洪水攻擊、TCP RST 洪水攻擊，與 TCP SYN/ACK 反射 / 放大攻擊。DDoS 的攻擊流量可達到 675Mbps，甚至高達 1.5Tbps。殭屍網路是 DDoS 的利器，例如惡名昭彰的 IoT 將僵屍網路 Gafgyt 和 Mirai 就佔了 DDoS 攻擊的總數一半以上。

　　權限提升 (Elevation of Privilege) 攻擊涉及以某些使用者身分或應用程序執行做未經授權的程序，這違反了授權性。一旦系統確定了用戶的身份，便會授予他們某些特權，例如執行某些操作的授權。攻擊者通常會先取得一般用戶的權限再藉由系統漏洞或弱點來提升他們的權限到系統管理的權限。

　　權限提升攻擊手法是從低權限存取提昇到較高權限的存取，這種攻擊一般需要執行一系列的步驟，例如首先執行緩衝區攻擊以便繞過或改寫權限，以攻擊或探知軟體、韌體、系統核心，甚至作業系統的弱點，例如組態不適當。另外，惡意軟體與社交工程也是常見的攻擊手法。

5.2 IoT 系統資安關注點

　　下圖是 IoT 系統的 7 大資安關注點，為了討論方便，我們將網路與通訊的應用場域分成了三種類別，分別是服務網路、接用網路、以及感測網路。

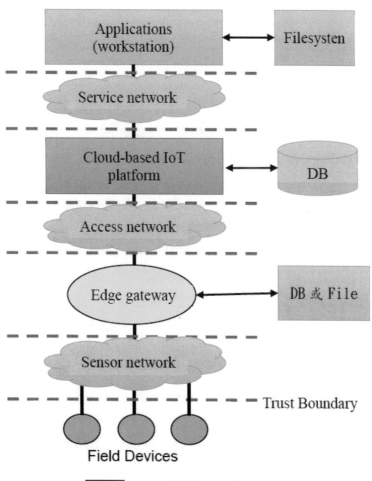

圖 5-2 IoT 系統的 7 大資安關注區

　　場域 (field) 指的是感測器、致動器、物聯網裝置、以及物聯網閘道器所處的環境。場域包括閘道器本身以及連接到它的所有裝置。因此有些研究者就將物聯網閘道器稱為場域閘道器，因其扮演的角色負責做為場域與物聯網雲服務平台的訊息與命令轉換的角色。

　　場域閘道器可以類比成精簡伺服器，作用是做為場域裝置控制系統或場域資料處理設備。正如其名，場域閘道器通常與實體位置繫結在一起。這就可能受到實體入侵的威脅，也就是場域閘道器是最容易觸及實體與蓄意破壞的裝置，而且通常只具備有限的作業備援。

　　場域閘道器和網路基礎設施的流量路由器不同，前者在管理、存取與資料方面扮演積極的角色後者主要是 IP 封包的路由控制。NAT 裝置或防火牆並不算現場閘道器，在功能上它們只是實現網路封包的控管，所以功能應視為網路基礎設施。場域閘道器有兩個不同的介面方向；一個方向表示場域的內部，面對所連接的裝置，並收集這些裝置的數據或控制這些裝置而另一個方向表示場域的邊緣，面對所有場域外部的網際網路上的 IoT 雲服務平台。

　　IoT 閘道器雖然是 IoT 裝置與雲服務器之間的元件，但在其上通常也會建置應用程式，將擷取到的資料，進行處理後成為可用的資訊再送至雲端服務平台。閘道器也能夠讓遠端使用者，以及雲服務平台傳遞命令至場域裝置的 IoT 裝置 (連接至感應器或致動器)，這是閘道器的核心價值。

　　以 Intel® IoT 閘道技術為例，下圖是其軟硬體堆疊。包括三大部分硬體與作業系統所組成的平台層 (Platform)，負責連接性、安全性、可管理式服務之服務層 (Service)，以及基於服務層所建置的應用程式的附加價值層 (Value Added)。

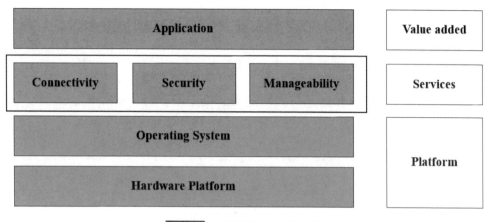

圖 5-3 閘道器的三層架構

IoT 閘道器通常會有多種的通訊協定提供連接性，例如 3G、藍芽、USB、ZigBee 、 Wi-Fi、虛擬私人網路 VPN、MQTT、HTTP 及 HTTPS 等。

安全層不僅要保障裝置不受駭客攻擊，還要提供裝置間傳輸過程中的資料機密性。IoT 閘道器提供從場域邊緣 (Edge) 至雲端 (cloud) 的無縫連接，除了處理資料的聚合與過濾，也以可信任的方式將資料從邊緣傳至雲端。閘道器管理性能則提供了設定、監控以及韌體更新的功能。作業系統的功能是管理處理程序 (Process)、記憶體和其他資源，並為應用程序提供底層硬體的服務。IoT 閘道的作業系統有多種選擇，包括專用系統，例如微軟的 Windows IoT Enterprise 或 Windows IoT Core。還有以他的開源作業系統，如 Ubuntu 或 Ubuntu Core，他們都是 Linux 的衍生產品。

閘道器與物聯網終端裝置的連接和通信，可以透過乙太網、IEEE 802.11/b/g/n (WiFi)、LoRa 或低功耗藍牙 (BLE) 等協定。閘道器與雲服務平台的資料傳輸是使用網際網路，而底層則可以使用乙太網、WiFi 協定或行動通信協議，如 4G、5G 等。

　　閘道器與物聯網終端裝置的連接和通信，可以透過 USB、RS-485、IEEE 802.11/b/g/n (WiFi)、LoRa 或低功耗藍牙 (BLE) 等協定。閘道器與雲服務平台的通信可以使用乙太網、WiFi 協定或行動通信協議，如 4G、5G。

　　既然 Gateway 位於終端設備層與雲服務平台之間，對保證數據的安全有著重要的作用，因此 Gateway 也就成為駭客的首要攻擊目標。如前所述，閘道器本身即是精簡伺服器，但又位於場域端，因此其資安議題涵蓋面比伺服器來得廣。伺服器的資安議題閘道器要考慮，也要考慮閘道器的實體安全議題。

　　IoT 雲平台也是一個重要的資安關注點，因為 IoT 雲平台管理了來自多個傳感器和多用戶的資料，其中一些數據可能具機敏性。IoT 平台的服務需具備可用性以確保服務不中斷。在用戶端的前端應用程式及工作站則需要身份真實性以確保系統及應用程式的安全運作。前端應用程式藉由服務網路使用 IoT 服務，服務網路的 ISP 提供商應該要為網路提供「完整性」和「可用性」，而「機密性」通常是附加目的。近接網路層包括 NB-IoT、LPWAN 或 WiFi 等，WiFi 的資安已於前一章討論。對於感測網路層，則要重視「資料機密性」和「身份真實性」。

　　前述只是粗略的討論，針對這些資安關注點，如果要一一列舉所有可能的資安威脅，在分析時會很繁雜，在思考對治方法時，也會很困難。這時就需要從就實際的 IoT 系統各元件以及通訊及網路技術分析其資安風險項目。這必須依賴於一套分析方法。其中一個作法是針對應用場域的 IoT 系統的各大資安關注點，列出可能的威脅，並以 STRIDE 分類，然後再分析資安風險及緩解的資安作為。以 Device 為例，如下表，

表 5-3 IoT 場域裝置之 STRIDE 威脅與緩解方法列表 [25]

Component	Threat	Mitigation	Risk	Implementation
Device	S	指派身份給裝置並且鑑別裝置	●裝置本身被部分置換 ●換裝置是假冒的	●裝置身份鑑別 Transport Layer Security (TLS) or IPSec. ●在無法實施非對稱加解密機制上的裝置實施 pre-shared key (PSK) OAuth
	TRID	套用反破壞機制使得有心人士不容易取得金鑰	後門程式的帳密洩漏	●trusted platform module (TPM). ●無法從外界讀取的金鑰、程式代碼的簽章
	E	控管接用的裝置	從外頭執行命令取用裝置的內容	授權機制

5.3 改良式 DFD 系統分析

　　就整個系統的資料流或命令控制流，分析資安風險也是一種有效的作法。基本上，IoT 系統的元件有可能發生資安風險的情況，可以分成四類，分別是 (1) 運作中的元件代碼，稱之為處理程序 (process) (2) 資料傳輸，歸類為 Comnuniation (3) 靜態資料歸類為 Storage (4) 動作的實體歸類為 Entity。

　　Miscrosoft 提出一種 STRIDE 資安為協塑模方法論，其分析步驟也是先繪製 IoT 系統。從文獻 [17] 可看到。Microsoft 的 IoT 架構也是將 IoT 裝置

(IoT Devices) 和場域 IoT 閘道 (IoT Gateway) 分開，而且場域 IoT 閘道器與雲服務平台的溝通另加呵一個角色，要能夠使用安全協議與雲服務閘道器。

本書提出改良式資料流程圖 (Modified Data Flow Diagram) 的分析方法。分析架構是先繪出 IoT 系統架構，然後再繪出資料流模型 (Data Flow Doagram)，並據以進行可能資安威脅的辨識與確認 。資安威脅的辨識主要是針對 Process、Storage、Storage、Communication，以及 Entity 四個元素進行。

Microsoft 提出一種 STRIDE 資安威脅塑模方法，其分析步驟也是先繪製 IoT 系統。Microsoft 的 IoT 架構將 IoT 裝置 (IoT Devices) 和場域 IoT 閘道 (IoT Gateway) 分開，而且場域 IoT 閘道器與雲端服務平台的溝通另加了一個角色，雲服務閘道器。從文獻 [17] 可看到。另外，雲端服務平台被猜解成前端服務器 (Front End Services)、後端服務器 (Backednd Services)、以及系統 (identity System)

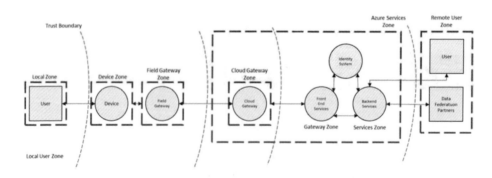

圖 5-4　Mocrosoft's IoT Security Architecture

(from https://docs.microsoft.com/en-us/azure/IoT-fundamentals/IoT-security-architecture)

為了分析 IoT 應用系統架構的資安威脅並尋求緩解的方法，Microsoft 所提出的 STRIDE 威脅塑模方法論 (Threat Modeling Methodology)，主要目的是在系統分析階段即辨識有那些的資安威脅，然後設置與建置系統時就一併將資安作為考量進去。跟軟體開發時的缺陷 (bug) 的概念一樣，越早發現，解決成本越低，這是一種資安來自於設計的觀念。當然 STRIDE 資安威脅塑模也可以應用於已建置完成的 IoT 系統，作法是分析出弱點然後進行補強。使用 STRIDE 資安威脅塑模有一個明顯的好處，就是可以使用結構化的方式，進行 IoT 資安議題的考慮、討論、應對，以及文件化。另外一個好處是在 IoT 系統的建置過程中就可以事先有效地發現潛在的資安問題，這在駭客採用的攻擊手法日益新穎的情況下，尤其重要。

STRIDE 塑模強烈建議使用 DFD 圖，DFD 是 Data Flow Diagram 的頭字母縮寫，DFD 原本是用在資訊系統的系統分析與設計階段的圖示塑模工具。DFD 包含四種元素，分別是 (1) 外部實體 (2) 處理程序 (3) 資料儲存所 (4) 資料流。之前已描述過，在 IoT 系統的四種元素分別對應到 Entity、Process、Data Flow、Data Store。這四種類型的元素在 IoT 系統中的個體與元件之例子如下表所示。

表 5-4 IoT 應用系統之 DFD 四大元素的實例

Entity 實體	Process 執行程序	Data Flow 資料流	Data Store 資料棧
1. Browser 2. People 3. Third Party system 4. USB 5. IoT Devices 6. Mobile App 7. IoT Edge Gatewaty 8. Physical server	1. DLLs 2. EXEs 3. COM object 4. Components 5. Services 6. Web Services	1. Function call 2. Network traffic 3. Remote Procedure Call(RPC) 4. Data 5. API	1. Database 2. File 3. Registry 4. Shared Memory 5. Queue / Stack

這四種元素較有可能發生的 STRIDE 資安威脅類別，如下圖所示：

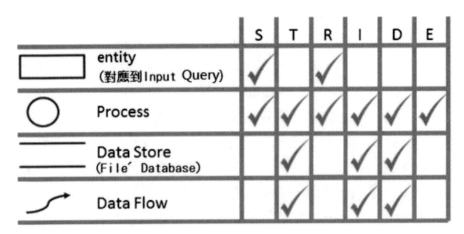

圖 5-5　DFD 四元素對應之資安威脅

　　我們建議採取改良式的 DFD 進行系統分析，所謂改良式是將泳道圖結合 DFD。泳道圖的各 Lane 就是 IoT 系統的各元素所處資安關注區 (concern zone)。一般情況 DFD 並不需要將網路通訊部分獨立畫在 Lane，但是在 IoT 系統的情況，跨 Lane 的 Entity 資料通訊通常也是資安風險所在。IoT 系統的用例 Use Case 都是由 Process、Data Store、Entity Communtation 通力合作所完成，使用改良式 DFD 圖，能夠更容易地辨識各資安關注區的資安威脅。

5.4　STRIDE 資安威脅分析步驟

　　STRIDE 的威脅塑模是一個分析過程，而且是迭代的過程。可以用四個步驟來描述，分別是 Diagramming(做圖)、Identify threats(資安威脅識別)、Address Threats(提出對治策略與資安作為)、及 Validation(確認)。如下圖所示：

圖 5-6　The four steps of STRIDE[10]

這四個步驟描述如下：

Step 1　Diagramming（作圖）

可以再分成兩個步驟，

第一步驟是先針對 IoT 的場域應用繪出靜態系統架構圖。繪製此圖可參考之前所討論的 IoT 系統參考架構。

第二步驟是依照第一步驟的作圖繪出改良式 DFD 圖，可以幾個用例 (Use Case) use 繪製成一個 DFD 圖。

DFD 的繪圖是以視覺方式描述 IoT 應用系統的功能，其詳細程度必須符合以下規則：

1. 在同一個資安關注區 (Zone) 的處理程序 (Process) 必須繪製在同一個 Lane 內。

2. 可以清楚看出駭客的攻擊目標。

3. 處理程序的拆解可拆至具有單一責任。

Step 2　Identify Threats(資安威脅辨識)

　　一旦完成作圖後，必須針對所有元素分析其 STRIDE 威脅類別及資安項目發生的可能性。Microsoft Threat Modeling Tool，工具已針對 DFD 各個元素的可能資安威脅總共列出了超過 100 種的可能性。

Step 3　Address Threats(威脅對治)

　　一旦列出可能的資安威脅後，在對治的方法與技術時，可以採取的策略包括 :(1) 採取緩解措施，就已知可避免資安風險發生及可降低風險衝擊的解決方案中，例如從系統、網路、加解密、資料庫…等等層面尋找對治方法。(2) 替換元件，使用具有資安認證的產品，例如攝影機資安標準。如果情況不允許緩解措施的作為，例如成本太高，就只有接受；但在這種情況下，必須對其進行充分記錄 (auditing)。

Step 4　Validation(確認)

　　確認步驟是檢視系統的 DFD 視覺描述與其最終要實現的系統是相匹配的，而且所有威脅均已明確被識別並可關聯到特定的解決方案（緩解，重新設計或接受），而且也要確認是否已充分描述了所有威脅和緩解措施。在執行作法上，可以運用查核表 (check list)。參考文獻 [25]，可以使用表格方式逐一確認元件 (Component)、威脅類別 (Threat)、緩解方法 (Mitifation)、風險 (Risk)、及實施技術 (Implementation) 的適合性。文獻 [25] 中也針對通訊通道 (Communication)、儲存媒體 (Storage)、雲服務 (Cloud Service) 做類似的列表。

第六章

資安威脅的風險
管理觀點

6.1　組織的資安意識

資訊安全是全面性且持續性的工作，需要運用 PDCA 的原則，俾便循環式的持續改善資訊安全管理的各項缺失。所謂的 PDCA (Plan-Do-Check-Act) 原則就是藉由持續地規劃 (Plan)、執行 (Do)、檢查 (Check)、行動 (Act) 等四個步驟針對資訊安全管理缺失進行持續改善。

有些資安風險都是來自於內部人員 (insider) 的資安意識薄弱。例如成為社交工程的受害者，被釣魚網站欺騙、密碼強度不夠，不經意使用了被感染的隨身碟⋯等都是組織內人員意識薄弱的一種表徵。

社交工程是利用人性弱點或利用人際之信任關係，獲取不當資訊，例如：獲取帳號、密碼、信用卡密碼、身分證號碼、姓名、地址或其他可猜測身分或機密資料的方法。電子郵件社交工程 (social Engineering) 是以傳送電子郵件方式，騙取收件者信任，進而開啟郵件內惡意軟體一種駭客攻擊模式。電子郵件之假冒寄件者的攻擊，如下所述，駭客會假冒成使用者信任的人，進而讓使用者相信而去開啟郵件及含惡意程式之附件或超連結，由於難以分辨真假寄件者，所以一般都能得逞。電子郵件附件檔含有惡意程式，而附件檔案型態不一定是執行檔 (.exe)，有可能是各種類型檔案，例如 .doc、.ppt、mdb 等，甚至是壓縮檔 (.rar)，也有可能是高危險檔案類型名稱 .exe .com .scr、pif .bat .cmd、.doc .xls .pps,t、.reg .ink .hta，或是中危險檔案類型名稱 .zip .rar .swf、.html .pdf .mdb。

隨身碟也是資安風險的來源，試想以下的情境。船長將一個受到感染的隨身碟交給一位有港口系統存取權限的人員，例如：港務長 (habor master)。他將 USB 插入電腦，結果系統受到了後門軟體感染。黑客藉著此管道獲得系統控制權，並進行後門程式與操作痕跡隱藏，使得弱點掃描軟

體無法偵測到。黑客這時即可到暗網 (Dark Web) 兜售此一弱點，等待買家。這位船長就是一位資安意識薄弱的內部人士 (inadvertent insider)，他在不知情的情況下成為黑客的協助者。也許，船長在之前使用 USB 時，曾看到過於螢幕畫面的資安警告訊息，但因為資安意識薄弱，以致疏忽了。

另外，企業內還有一種「影子 IT」的風險。「影子 IT」指的是企業內的一些 IT 解決方案並非 IT 所部門所規劃，或未得到 IT 部門的授權開發，而是由其他非 IT 部門人員所開發的功能，例如 Excel 巨集 (Excel macros)。第三方使用新穎的雲服務管理群組的工具，例如行動通訊軟體工具。雖然這些員工的出發點是好的，但是如果他們未受到任何資安訓練，則有可能在偶然的情況下為黑客開了大門。「影子 IT」的發生原因可能是原本的供應商已不存在；另一原因是舊系統的更新已不支援，僅剩支援最新版本的系統更新而原供應商的報價過於昂為。另外，IoT 裝置常常是使用開源軟體 (open source software)，而有些開源軟體存在著嚴重的資安漏洞。

資安風險的來源有許多是源自於開放標準的 TCP/IP 協定並沒有考慮足夠的安全措施，因此讓駭客有機可趁。例如，用 TCP 連線建立時三方交握過程中的 SYN 封包洪水攻擊 (TCP-SYN flood) 就是使用三方交握的前二個步驟發出巨量請求，致使服務器方耗盡資源。因為伺服器上可用的 TCP 線數與記憶體空間是有限的，所以如果攻擊方持續的發出封包攻擊，則伺服器將處於忙碌狀態無法服務，如此即可達到服務阻絕的攻擊目的。

之前已提到 Confidentiality(機密性) 是指非授權者無法使用或接觸到資訊。 Integrity(完整性) 是指資料不被非授權者或在意外情況下被修改、破壞或遺失。 Availability(可用性) 是指對使用者而言服務必須保持在可用狀態，任何違反 CIA 的行為即是資安事件。應用程式與系統都是代碼編寫而成，再加上未考慮足夠安全措施的 TCP/IP 網路協定，使得漏洞幾不可免。如果組織成員的資安意識不足就加重了洞被駭客利用的機會。

從台灣資安漏洞揭露平台 https://www.twcert.org.tw/tw/lp-132-1.html，可看到各種最新的資安漏洞。如下圖，

TVN ID	標題	CVE ID
TVN-202105006	全景 TSSServiSignAdapter Windows版 - Improper Input Validation	CVE-2021-37909
TVN-202108010	HGiga OAKlouds行動入口網 - Command Injection-2	CVE-2021-37913
TVN-202108009	HGiga OAKlouds行動入口網 - Command Injection-1	CVE-2021-37912
TVN-202108008	BenQ EH600 - Improper Privilege Management	CVE-2021-37911
TVN-202108007	翰林出版事業 雲端速測 - Improper Privilege Management	
TVN-202108005	果子云數位科技 飛果出勤打卡系統 - Use of Incorrectly-Resolved Name or Reference-4	CVE-2021-37215
TVN-202108003	果子云數位科技 飛果出勤打卡系統 - Use of Incorrectly-Resolved Name or Reference-2	CVE-2021-37213
TVN-202108004	果子云數位科技 飛果出勤打卡系統 - Use of Incorrectly-Resolved Name or Reference-3	CVE-2021-37214
TVN-202108002	果子云數位科技 飛果出勤打卡系統 - Use of Incorrectly-Resolved Name or Reference-1	CVE-2021-37212
TVN-202108001	果子云數位科技 飛果出勤打卡系統 - Stored XSS	CVE-2021-37211
TVN-202107010	QSAN Storage Manager - Reflected Cross-Site Scripting	CVE-2021-37216
TVN-202107009	一宇數位科技 Orca HCM - Path Traversal-2	CVE-2021-35968

圖 6-1　資安漏洞平台揭露的漏洞

若詳細檢視任何的物聯網系統的可能資安風險，其清單勢必非常嚇人。實際上，沒有百分百的資訊安全，只有有效的風險管理和控制。資安風險管理與控制能做的就是盡可能管理風險並將風險發生機會或衝擊降到最低。

在分析風險時，有一個風險值 (risk value) 的概念，風險值可以表示成下式：風險值 = 風險所造成的衝擊 × 風險發生的機會，可以簡記為風險值 = 衝擊 x 機率。一般是使用衝擊機率矩陣做分析，也就是以衝擊大小發生機率構成一個平面。橫軸表示機率，左邊發生機率小，右邊大。縱直表示衝擊，上方衝擊大，下方衝擊小。這裡的機率是指資安弱點、漏洞及威脅發生的可能性 (likelihood)，而衝擊是指對資產所造成的衝擊。資產就是對組織有價值的任何有形或無形的事物。一般可分為下列幾類：

(1) 資料資產——如資料檔案、使用手冊等。

(2) 書面文件——如合約書、指南等。

(3) 軟體資產——如應用程式、系統軟體等。

(4) 實體資產——如電腦、磁碟片等。

(5) 人員——員工。

(6) 公司形象與聲望。

(7) 服務資產——如通訊服務、技術服務等。

組織資產的分類如下圖所示：

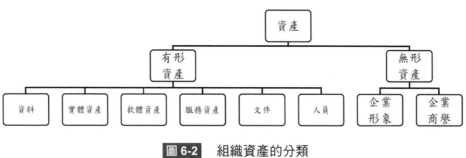

圖 6-2　組織資產的分類

　　漏洞 (vulnerability) 是指系統或裝置在設計或內部控制程序的瑕疵或缺點，若被無意或有意啟動，會造成資訊安全性的破壞或系統安全政策的違背 (NIST SP800-30)。漏洞本身並不會立即造成傷害，但是漏洞如果沒有適當地管理，將促使威脅真的發生。最終就會影響到資產的一種或多種情況的損失。因此漏洞在便是資安風險時也是很重要的風險項目。必須估計出各個風險項目的發生機率與衝擊大小。一班這個項目被稱為風險項目的定量分析。

　　辦識出所有可能的風險項目之後，那如何進行風險項目的定量分析，以下舉出一種作法。首先，訂定風險可能性的衡量尺度，如下表所示，

表 6-1　可能性之衡量尺度

尺度	可能性	說明
1	很低	事情幾乎很少發生
3	低	事情不常發生，也許 2 年發生一次
5	普通	事情不定期會發生，每年發生一次
7	高	事情預期會發生，例如一年發生若干次
9	很高	事情預期經常會發生，也許每月經常發生。

接著，訂定風險衝擊大小的衡量尺度，如下表所示，

表 6-2　風險衝擊的衡量尺度

尺度	衝擊	說明 (對組織的衝擊)
1	低	很少或未損失財務 未違反法令規定和義務 對名聲或商譽只有很小的頁面影響
3	普通	對組織運作效率或財務健全有不利影響 對法令規定和義務稍有違反，類似技術犯規，擦邊球，灰色地帶 商譽損失對關係人造成負面衝擊
5	高	造成嚴重財物損失 嚴重違反法令規定和義務 對於利益關係人造成嚴重的負面衝擊
7	很高	衝擊可能導致破產 可能導致組織關係 威脅到組織的未來

　　資安風險定量分析是有關某特定漏洞發生資安威脅的可能性，以及對組織資產所造成的衝擊。NIST (National Institute of Standards and Technology) 美國國家標準與技術局的 SP800-30:Risk management Guide for Information Technology 對資訊科技領域的風險管理制定了管理指引。這表示資訊安全不是只有網路技術與設備，資訊安全管理制度也很重要。

6.2 ISO27001 資訊安全管理系統

　　ISO 27001 是國際資訊安全管理系統標準。它可以幫助組織鑑別、管理和減少資訊安全所造成的各種風險。

　　ISO27001 的目的是希望組織由上到下均能貫徹合乎組織目的之資訊安全管理系統標準。ISO27001 資訊安全管理系統的建立步驟是先是由管理階層根據組織業務的需求訂定資訊安全系統涵蓋範圍和資訊安全政策。在資訊安全系統涵蓋範圍內的單位，必須對資產進行風險評鑑，針對高風險資產的控制目標和控制措施進行風險管理。ISO27001 總共有 14 個控制措施領域，構成了 114 控制措施。[31]

　　ISO27001:2013 資訊安全管理系統條文大綱如下表所列，ISO27001 的十四個控制措施領域如下圖，

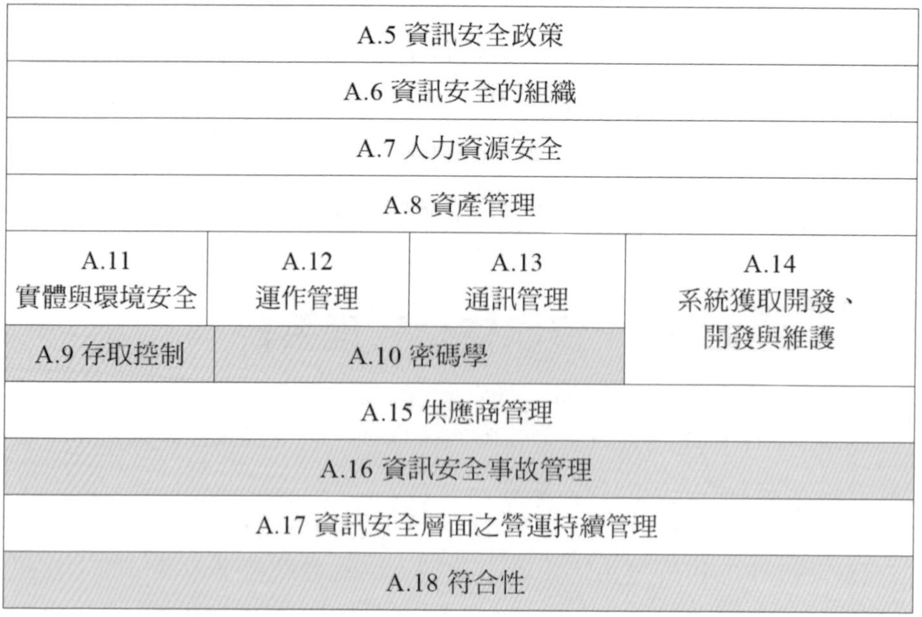

A.5 資訊安全政策			
A.6 資訊安全的組織			
A.7 人力資源安全			
A.8 資產管理			
A.11 實體與環境安全	A.12 運作管理	A.13 通訊管理	A.14 系統獲取開發、 開發與維護
A.9 存取控制	A.10 密碼學		
A.15 供應商管理			
A.16 資訊安全事故管理			
A.17 資訊安全層面之營運持續管理			
A.18 符合性			

圖 6-3 ISO 27001:2013 的十四個控制措施領域 [31]

　　十四個個領域之中有 75% 與管理架構相關，例如：流程、政策程序，人員及組織，而 25% 是資安技術應用方案的實踐，例如密碼、存取控制，以及系統獲取、開發與維護等。由此可見，資安議題不是只有技術問題，實際上還有組織層面的問題。甚至與供應鏈上各個組織都有關，例如物流產業生態系包含許多參與方，對於資安的防護必須全面考慮，也就是產業鏈上的公司都須負責自身的資安責任。組就一個組織而言，織完整的資安防護體系必須從三個層面來看待：組織、系統、模組 (元件)，如下圖所示：

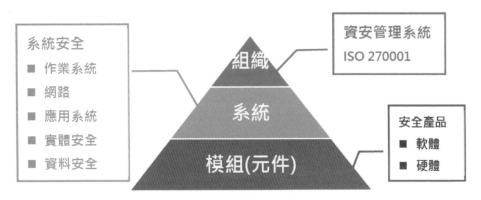

圖 6-4 組織的資安防護體系三層面：組織、系統、模組 (元件)(source:[21])

對於一個組織如何推動資安防護體系，有許多國際標準。政府機關、企業界已有愈來愈多組織實施資訊安全管理系統 (ISMS，Information Security Management System)，例如 ISO 27001，做為風險管理策略之一環。在一些領域，例如政府部門、學術單位、電子商務、保健、通信、汽車業，標準化之資訊安全管理系統甚至已是強制性之要求。ISO27001 各項標準的目的是協助組織能更有效的達成一定的資訊安全水準也明確規定資訊安全管理系統之建立、執行、操作、監督、審查、維護及改良作業之要求及文件化之要求。要達到百分之一百的資訊安全是一種過高的期望，資訊安全管理的目標是透過控制方法，把資訊風險降低到可接受的程序內。我國的政府機關及許多企業及組織都已實施 27001 資訊安全管理系統 (ISMS)，做其風險管理風險政策之一。

資訊安全管理系統 (Information Security Management System，ISMS) 是組織整體管理系統的一部份，依據風險管理的方法加以制訂，並據以建立、執行、操作、監控、審查、維護與改進組織資安風險管理。風險控制策略則包括 (1) 避免 (2) 降低 (3) 轉嫁損失等。

ISO/IEC 27001 資訊安全管理系統 (ISMS)，從風險管理的角度，協助各種不同類型之企業組織，了解保護資訊資產的基本原則、原理與觀念。其主要特點如下：

(1) 表達提供資訊安全營運環境的承諾。

(2) 定義使用數據與資訊系統的規範。

(3) 規劃資訊安全架構。

(4) 做為管理階層與全體員工溝通資安議題之依據。

ISMS 的組織內部目標包含以下 3 點：

(1) 使企業具備資訊安全管理能力

(2) 建立以「安全等級」劃分的資訊安全管理制度

(3) 建置資訊安全防護機制

ISMS 的外部目標主要包括以下 2 點：

(1) 防範病毒及駭客入侵

(2) 遭受攻擊時，系統仍可維持正常運作能力。

ISMS 運作模式如下圖所示。

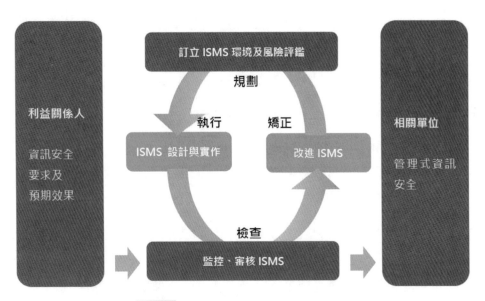

圖 6-5　　27001 ISMS 的運作圖 [32]

組織導入 ISO 27001 的益處包含：

(1) 提升企業整體競爭力及形象。

(2) 確保資訊資產之機密性、完整性與可用性。

機密性：確保被授權之人員才可使用資訊。

完整性：確保使用之資訊正確無誤、未遭竄改。

可用性：確保被授權之人員能取得所需資訊服務。

(3) 鑑別資訊安全管制點，包括組織員工、客戶、供應商與股東。

(4) 消除與日俱增之資訊安全威脅，如：營業機密 (研發成果)、欺詐、間諜、破壞、毀損、天災、電腦病毒、駭客入侵等。

(5) 建立資訊硬體設施及軟體之管理機制，以統籌分配、運用全公司資源。

(6) 建立適切之管理程序流程，確保資訊安全。

(7) 訂定資訊作業安全災變回復計畫並實際演練，確保業務持續運作。

(8) 強化資安風險管理。

如果 IoT 系統做為 ISO 27001 的稽核範圍，與其他資訊系統相同，IoT 系統資安風險管理流程包含四個步驟，分別是：

(1) 辨識風險項目：資安脆弱點 (Vulnerabilities) 可能來自於組織內部、過程或程序、例行的管理活動、人員、實體環境、資訊系統的配置、軟 / 硬體或通訊設備、或者外部團體。它們可能被威脅所利用。

(2) 分析每個風險項目的發生機率與衝擊大小。

(3) 依照風險值 = 機會 x 衝擊大小進行排序建立。如前所述，機會與衝擊大小需先制定衡量尺度以方便計算。形成機會衝擊矩陣。

(4) 風險因應：依 80/20 法則決定資源的投入擬定資安作為。有四種處理策略分別是：接受、轉嫁、避險、減害，如下圖所示。

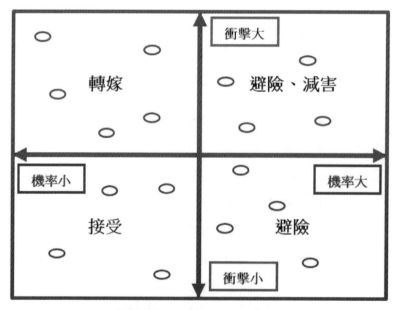

圖 6-6　四種風險因應策略

　　針對發生機會小衝擊小的風險項目採接受策略，針對機率阿，衝擊大的採避險或減害策略。

　　針對組織的資安防護體系，ISO 27001 是很好的標準跟框架，但在實作 (implementation) 上 ISO27001 缺少技術細節。也就是說，即使可以訂定很完善、應變 SOP，但在執行時，還是需要實作的指導細節，以免造成實務面上的執行困難。此部分則訂定在 ISO27002 之中，也可以參考其他的標準，例如 IEC62443。ISO/IEC27002:2013 描述了資訊安全管理之作業規範。對照 27001 的條款要求，27002 包含經過時政的資訊安全程序和資訊安全措施的綜合列表，可做為瞭解 27001 個條款要求的實作基礎。

　　ISO 27001 以風險管理的角度來看待資安的議題，運用在與工業控制有關的領域仍有許多挑戰，因為大部分的組織都欠缺資安技術人員。

　　Gartner 的調研報告就指出資安技術議題是組織在部署 IoT 系統時最主要的顧慮，這是因為組織常常無法控制使用於 IoT 系統的軟體或硬體的來源。但在「無處不資安」的時代，組織還是要確保有足堪重任與資安能力的人員參與 IoT 系統與嵌入式作業系統的建置與決策。

　　IoT 萬物連網還必須平衡一些彼此競爭的需求，例如終端裝置成本、功率消耗、頻寬、延遲、連接密度、營運成本、服務品質，以及範圍等。沒有單一連網的網路及通訊技術可以同時優化前述的這些需求。除此之外，一些新技術例如 5G 及低軌道衛星、backscatter 的新技術更帶來了額外的實作選擇與彈性 [29]，這些又通常與資安技術議題有關，如此一來，情況就更為複雜，這就需要另外比較實務的網路安全標準，例如 IEC62443 標準。

6.3　IEC 62443 網路安全標準

IoT 應用，尤其工業控制系統領域的應用在資訊安全上的參與實體非常多元，包括人、設備、裝置、軟體元件、硬體元件、系統等，而且強調操作技術 (Operational Technology，OT) 與資訊技術 (IT)，甚至通訊技術 (CT) 的整合。因為這個緣故，將 IEC 62443 套用在 IoT 領域是極其合適的。

IEC 62443 網路安全標準對於操作技術 來說，是一個具備工程觀念的良好規範，在訂定資安的指導原則上是一個很好的參考標準，在國際上，IEC62443 已經被廣泛地被接受，甚至像德國技術監督協會 (Technical Inspection Association，TUV)、SGS 集團等都認為這個標準非常適合於工業物聯網的環境。IEC 62443 適用於產品，包括系統與模組，ISO 27001 則適用於組織，兩者可以整合運用，ISO 27001 可以協助建立標準跟框架，IEC62443 則協助建立資安實作時的細節。ISO 27001 規範也可以用來確保在產品開發過程中可以有效地實現 IEC 62443 所定義的安全規範 [22]。

IEC 62443 網路安全系列標準如下圖所示 [24]：

一般性	政策和程序	系統	零組件
IEC/TS 62443-1-1 術語、概念和模型	IEC 62443-2-1 LACS 網路安全管理系統 - 要求	IEC/TR 62443-3-1 IACS 網路安全技術	IEC 62443-4-1 產品開發要求
IEC/TR 62443-1-2 術語和縮寫詞景表	IEC 62443-2-2 IACS 網路安全管理系統一執行指南	IEC 62443-3-2 區域和管道的網路安全保證等級	
IEC 62443-1-3 系統網路安全合規性指標	IEC/TR 62443-2-3 IACS 環境中的補丁管理	IEC 62443-3-3 系統網路安全要求和網路安全保證等級	IEC 62443-4-2 ACS 部件的技術網路安全要求
IEC/TR 62443-1-4 IACS 網路安全生命週期和用例	IEC 62443-2-4 IACS 解決方案供應商的要求		

圖 6-7　IEC 62443 網路安全系列標準 (source：[24])

何謂 IEC62443 的細節，在文獻 [22][23] 有較詳細的說明，摘述如下：

IEC 62443 是工業自動化及控制系統的網路安全標準，由工業標準架構 (Industry Standard Architecture，ISA) 組織提出並由美國國家標準協會 (American National Standards Institute，ANSI) 公告，之後被國際電工委員會 (International Electrotechnical Commission，IEC) 所採用。IEC 62443 標準分成四大部份：

(1) 一般 (General)：描述基本資訊，包括：標準概念、模組和專業用語。

(2) 政策與步驟 (Policies & Procedures)：針對資產擁有者描述了工業自動化控制系統訊息技術之安全管理體系及制定資安政策的重要性。

(3) 系統 (System)：描述工業自動化控制系統設計指引和控制系統安全整合要求的技術規範，在系統的設計上導入了區域 (zone) 和管道 (conduit) 的核心理念。

(4) 零組件 (Component)：描述系統元件的安全設計規格與安全開發要求。

IEC 62443 的一般 (General) 部分，說明了自動化工業控制系統的問題與威脅，透過風險管理的概念說明資訊安全的重要性，並提出工業控制網路架構的參考模型 (Reference Model)，協助企業進行分層分析與提供防護機制建議。在政策與步驟 (Policies& Procedures) 部份，針對資產擁有者 (Asset Owner)，例如工廠的管理者，描述如何透過管理政策和流程規劃以確保生產運作的資訊安全。系統 (System) 部分是以系統整合商 (System Integrator) 的觀點，說明透過需求分析、系統設計、網路連線規劃的自動化運作，從技術面如何確保這些整合後的自動化方案免於受到資訊安全威脅，可以視為是執行安全評估的方式。元件 (Component) 部分，則探討產品供應商 (Product Supplier) 的安全，說明如何確保導入自動化的設備機具之安全度，也就是定義與規範如何開發一個安全的產品。

　　針對 IEC 62443 標準的三個部分進一步說明如下。政策與步驟定義了運行工業自動化控制系統所需建立之網宇安全管理系統 (Cyber Security Management System，CSMS) 的要素，包括政策，程序，實踐和人員，並提供如何發展這些要素的資安要求指引，此外也描述了對資產擁有者、工業控制系統產品的供應商在建立與管理產品更新計畫的資訊安全要求。

　　IEC 62443 的系統描述 (1) 控制系統為核心的網路安全技術、(2) 工業控制自動系統環境中可用的資安產品與服務、(3) 可能的威脅和已知的網路漏洞、(4) 工業控制自動系統環境中使用這些產品的利弊，(5) 提供有關使用這些網路安全技術產品和 / 或對策的初步建議和指南，(6) 定義了工業控制自動系統的安全風險評估程序與需求，包括受評估系統 (System Under Consideration，SuC)、切分區域 (zone) 與管道 (conduit) 的方法、細部風險評估程序、安全等級的產生方法、及文件化安全要求，及 (6) 定義工業自動化控制系統的安全功能設計要求。IEC62443 的元件描述基於安全開發的核心理念，制定工業控制系統安全開發生命週期各個階段的安全要求，包括：評估、設計、開發、測試、維護等階段。

　　由於資訊通訊科技蓬勃發展，網際網路 (Internet) 隨之興起，基於開放、自由、易於使用等特性，不僅是個人、組織、政府間訊息交換、傳佈的主要管道，資訊應用及整備度等更成為國際間衡量國家競爭力的重要指標。

　　依據我國政府相關規定 政院及所屬各機關資訊安全管理要點， 政院訂定「 政院及所屬各機關資訊安全管理規範」，供全國政府機關 (構) 考施 。

　　由於資訊通訊科技蓬勃發展，網際網路 (Internet) 隨之興起，基於開放、自由、易於使用等特性，不僅是個人、組織、政府間訊息交換、傳佈的主要管道，資訊應用及整備度等更成為國際間衡量國家競爭力的重要指標。

　　我國針對公務機關訂定了「資通安全責任等級分級辦法」與「資通系統防護基準」，後者的內容如下表所列總共分成了存取控制、稽核與可歸責性、營運持續、識別與鑑別、系統與服務獲得、系統與通訊保護、系統與資訊完整性等六個構面。從基準的內容可看出組織即使未獲得資訊安全管理系統 (例如 27001) 的認證，但是完成此基準所列的項目也能建立符合自己組織的資安作為。另外，仔細閱讀這些防護基準，也可以強化個人的資安意識。

表 6-3 資通系統防護基準

來源：http://www.amxecure.com/products-solutions/compliance/isms

控制措施		資通系統防護基準		
構面	措施內容	高	中	普
存取控制	帳號管理	一、逾越機關所定預期閒置時間或可使用期限時，系統應自動將使用者登出。 二、應依機關規定之情況及條件，使用資通系統。 三、監控資通系統帳號，如發現帳號違常使用時回報管理者。 四、等級「中」之所有控制措施。	一、已逾期之臨時或緊急帳號應刪除或禁用。 二、資通系統閒置帳號應禁用。 三、定期審核資通系統帳號之建立、修改、啟用、禁用及刪除。 四、等級「普」之所有控制措施。	建立帳號管理機制，包含帳號之申請、開通、停用及刪除之程序。
	最小權限	採最小權限原則，僅允許使用者（或代表行為之程序）依機關任務及業功能，完成指派任務所需之授權存取。		無要求。

控制措施		資通系統防護基準		
構面	措施內容	高	中	普
稽核與可歸責性	遠端存取	一、應監控資通系統遠端連線。 二、資通系統應採用加密機制。 三、資通系統遠端存取之來源應為機關已預先定義及管理之存取控制點。 四、等級「普」之所有控制措施。		對於每一種允許之遠端存取類型，均應先取得授權，建立使用限制、組態需求、連線需求及文件化，使用者之權限檢查作業應於伺服器端完成。
	稽核事件	一、應定期審查稽核事件。 二、等級「普」之所有控制措施。		一、依規定時間週期及紀錄留存政策，保留稽核紀錄。 二、確保資通系統有稽核特定事件之功能，並決定應稽核之特定資通系統事件。 三、應稽核資通系統管理者帳號所執行之各項功能。
	稽核紀錄內容	一、資通系統產生之稽核紀錄，應依需求納入其他相關資訊。 二、等級「普」之所有控制措施。		資通系統產生之稽核紀錄應包含事件類型、發生時間、發生位置及任何與事件相關之使用者身分識別等資訊，並採用單一日誌紀錄機制，確保輸出格式的一致性。
	稽核儲存容量	依據稽核紀錄儲存需求，配置稽核紀錄所需之儲存容量。		

控制措施		資通系統防護基準		
構面	措施內容	高	中	普
	稽核處理失效之回應	一、機關規定需要即時通報之稽核失效事件發生時，資通系統應於機關規定之時效內，對特定人員提出警告。 二、等級「中」及「普」之所有控制措施。	資通系統於稽核處理失效時，應採取適當之行動。	
	時戳及校時	一、系統內部時鐘應依機關規定之時間週期與基準時間源進行同步。 二、等級「普」之所有控制措施。		資通系統應使用系統內部時鐘產生稽核紀錄所需時戳，並可以對映到世界協調時間(UTC) 或格林威治標準時間 (GMT)。
	稽核資訊之保護	一、定期備份稽核紀錄至與原稽核系統不同之實體系統。 二、等級「中」之所有控制措施。	一、應運用雜湊或其他適當方式之完整性確保機制。 二、等級「普」之所有控制措施。	對稽核紀錄之存取管理，僅限於有權限之使用者。
營運持續	系統備份	一、應將備份還原，作為營運持續計畫測試之一部分。 二、應在與運作系統不同處之獨立設施或防火櫃中，儲存重要資通系統軟體與其他安全相關資訊之備份。 三、等級「中」之所有控制措施。	一、應定期測試備份資訊，以驗證備份媒體之可靠性及資訊之完整性。 二、等級「普」之所有控制措施。	一、訂定系統可容忍資料損失之時間要求。 二、執行系統源碼與資料備份。

控制措施		資通系統防護基準		
構面	措施內容	高	中	普
識別與鑑別	系統備援	一、訂定資通系統從中斷後至重新恢復服務之可容忍時間要求。 二、原服務中斷時，由備援設備取代提供服務。		無要求 。
	內部使用者之識別與鑑別	一、對帳號之網路或本機存取採取多重認證技術。 二、等級「中」及「普」之所有控制措施。	資通系統應具備唯一識別及鑑別機關使用者（或代表機關使用者行為之程序）之功能，禁止使用共用帳號。	
	身分驗證管理	一、身分驗證機制應防範自動化程式之登入或密碼更換嘗試 。 二、密碼重設機制對使用者新身分確認後，發送 一次性及具有時效符記。 三、等級「普」之所有控制措施 。		一、使用預設密碼登入系統時，應於登入後要求立即變更 。 二、身分驗證相關資訊不 以明文傳輸。 三、基於密碼之鑑別資 通 系統應強制最低密碼複雜度；強制密碼最短及最長之效期限制。 四、使用者更換密碼時，至少不可以與前三次使用過之密碼相同。 五、具備帳戶鎖定機制，帳號登入進行身分驗證失敗達三次後，至少十分鐘內不允許該帳號繼續嘗試登入。 六、上述第三點至第五對非內部使用者，對非內部使用者，依自行規範說明。

控制措施		資通系統防護基準		
構面	措施內容	高	中	普
系統與服務獲得	鑑別資訊回饋	資通系統應遮蔽鑑別過程中之資訊。		
	加密模組鑑別	資通系統如以密碼進行鑑別時，該密碼應加密或經雜湊處理後儲存		無要求。
	非內部使用者之識別與鑑別	資通系統應識別及鑑非機關使用者（或代表機關使用者行為的程序）。		
	系統發展生命週期需求階段	針對系統安全需求（含機密性、可用完整），以檢核表方式進行確認。		
	系統發展生命週期設計階段	一、根據系統功能與要求，識別可能影響系統之威脅，進行風險分析及評估。 二、將風險評估結果回饋需求階段之檢核項目，並提出安全需求修正。		無要求。
	系統發展生命週期開發階段	一、執行「源碼掃描」安全檢測。 二、具備系統嚴重錯誤之通知機制。 三、等級「中」及「普」之所有控制措施。		一、應針對安全需求實作必要控制措施。 二、應注意避免軟體常見漏洞及實作必要控制措施。 三、發生錯誤時，使用者頁面僅顯示簡短錯誤訊息及代碼，不包含詳細的錯誤訊息。
	系統發展生命週期測試階段	一、執行「滲透測試」安全檢測。 二、等級「中」及「普」之所有控制措施。	執行「弱點掃描」安全檢測。	

控制措施		資通系統防護基準		
構面	措施內容	高	中	普
系統與通訊保護	系統發展生命週期部署與維運階段	一、於系統發展生命週期之維運階段，須注意版本控制與變更管理。 二、等級「普」之所有控制措施。		一、於部署環境中應針對不必要服務及關閉不必要服務及埠口。 二、資通系統相關軟體，不使用預設密碼。
	系統發展生命週期委外階段	資通系統開發如委外辦理，應將系統發展生命週期各階段依等級將安全需求等級將安全需求（含機密性、可用完整）納入委外契約。		
	獲得程序	開發、測試及正式作業環境應為區隔。	無要求 。	
	系統文件	應儲存與管理系統發展生命週期之相關文件。		
	傳輸之機密性與完整性	一、資通系統應採用加密機制，以防止未授權之資訊揭露或偵測資訊之變更。但傳輸過程中有替代之實體保護措施者，不在此限。 二、使用公開、國際機構驗證且未遭破解之演算法。 三、支援演算法最大長度金鑰。 四、加密金鑰或憑證週期性更換。 五、伺服器端之金鑰保管應訂定管理規範及實施應有之安全防護措施。	無要求 。	無要求 。

控制措施		資通系統防護基準		
構面	措施內容	高	中	普
系統與資訊完整性	資料儲存之安全	靜置資訊及相關具保護需求之機密資訊應加密儲存。	無要求。	無要求。
	漏洞修復	一、定期確認資通系統相關漏洞修復之狀態。 二、等級「普」之所有控制措施。		系統之漏洞修復應測試有效性及潛在影響，並定期更新。
	資通系統監控	一、資通系統應採用自動化工具監控進出之通信流量，並於發現不尋常或未授權之活動時，針對該事件進行分析。 二、等級「中」之所有控制措施。	一、監控資通系統，以偵測攻擊與未授權之連線，並識別資通系統之未授權使用。 二、等級「普」之所有控制措施。	發現資通系統有被入侵時，應通報機關特定人員。
	軟體及資訊完整性	一、應定期執行軟體與資訊完整性檢查。 二、等級「中」之所有控制措施。	一、使用完整性驗證工具，以偵測未授權變更特定軟體及資訊。 二、使用者輸入資料合法性檢查應置放於應用系統伺服器。 三、發現違反完整性時，資通系統應實施機關指定之安全保護措施。	無要求。

備註：靜置資訊，指資訊位於資通系統特定元件，例如儲存設備上之狀態，或與系統相關需要保護之資訊，例如設定防火牆、閘道器、入侵偵測、防禦系統、過濾式路由器及鑑別符內容等資訊。

參考文獻

[1] 國家發展委員會編印 (2015)，取自 https://www.teg.org.tw/files/research/1399607636824/103TEG 子議題 4_ 跨域及創新應用資通訊科技加值服務：以自由經濟示範區為例 (結案報告).pdf .

[2] 鄒飛逐（2010），物聯網讓萬物互聯暢通，取自：http://www-07.ibm.com/tw/blueview/2011apr/pdf/4_web.pdf。

[3] 數位多媒體教材之製作與應用～以科技大學「國際物流管理」課程為例，周建張, 李婷娟 .. 等，http://www.sec.ntnu.edu.tw/Monthly/96%28296-305%29/296-pdf/05.pdf。

[4] 物聯網與國際標準組織發展動向, 呂惠娟, http://www.gs1tw.org/twct/gs1w/pubfile/2012_sUMMER_P39-45.pdf

[5] INTERNET OF THINGS IN LOGISTICS, https://www.dhl.com/content/dam/Local_Images/g0/New_aboutus/innovation/DHLTrendReport_Internet_of_things.pdf

[6] Shifting patterns : The future of the logistics industry, https://www.pwc.nl/nl/assets/documents/pwc-shifting-patterns-the-future-of-the-logistics-industry.pdf

[7] 從讓物體變聰明來看物聯網，https://youtu.be/xmxS2JP2dmI

[8] Chen Yuqiang; Guo Jianlan; Hu Xuanzi , The Research of Internet of Things' Supporting Technologies Which Face the Logistics Industry , International Conference on Computational Intelligence and Security, 2010.

[9] WHAT IS STRIDE METHODOLOGY IN THREAT MODELING? https://blog.eccouncil.org/what-is-stride-methodology-in-threat-modeling/

[10] System Security Requirements, Risk and Threat Analysis, https://credential.eu/wp-content/uploads/2017/06/CREDENTIAL-D2.2-System-security-requirements-v1.0.pdf

[11]   Jonathan Sharrock,CYBERSECURITY AND THE THREAT TO LOGISTICS, https://www.cybercitadel.com/docs/Cyber-Security-and-the-Threat-to-Logistics-A.pdf

[12]   殭屍網路 Necurs 新增 DDoS 功能模組，國家資通安全會報技術服務中心，https://www.nccst.nat.gov.tw/NewsRSSDetail?seq=15892

[13]   http://www.ess.nthu.edu.tw/p/404-1351-118887.php?Lang=zh-tw

[14]   WannaCry, https://zh.wikipedia.org/wiki/WannaCry

[15]   [iT 邦鐵人賽][駭客工具 Day4] 搜尋引擎 –Shodan, https://hackercat.org/ithelp/ithelp-2019-day4-shodan

[16]   Jonathan Sharrock,CYBERSECURITY AND THE THREAT TO LOGISTICS, https://www.cybercitadel.com/docs/Cyber-Security-and-the-Threat-to-Logistics-A.pdf.

[17]   Internet of Things (IoT) security architecture, https://docs.microsoft.com/en-us/azure/IoT-fundamentals/IoT-security-architecture

[18]   台灣電腦網路危機處理暨協調中心，"南韓發生供應鏈攻擊事件，北韓 APT 駭侵者竊取數位憑證，用以大規模散布惡意軟體"，https://www.twcert.org.tw/tw/cp-104-4154-a0bae-1.html

[19]   https://threatpost.com/hacked-software-south-korea-supply-chain-attack/161257/ ,Hacked Security Software Used in Novel South Korean Supply-Chain Attack

[20]   Internet of Things (IoT) Cyber Security Guide，https://www.imda.gov.sg/-/media/imda/files/regulation-licensing-and-consultations/consultations/open-forpublic-comments/consultation-for-IoT-cyber-security-guide/imda-IoT-cybersecurity-guide.pdf

[21]   資訊安全系統導入介紹，http://cyli.cgust.edu.tw/ezfiles/20/1020/attach/63/pta_3432_9086727_12672.pdf

[22]　工 控 資 安 標 準 IEC 62443 ，http://www.cc.ntu.edu.tw/chinese/epaper/0054/20200920_5408.html

[23]　淺談工控自動化系統之國際資安標準，高傳凱，電工通訊，2020，June，pp. 1~8.

[24]　工控資安／3 分鐘搞懂工控系統標準 IEC 62443, https://secbuzzer.co/post/158

[25]　Internet of Things (IoT) security architecture, https://docs.microsoft.com/en-us/azure/IoT-fundamentals/IoT-security-architecture

[26]　物聯網資安自動化檢測技術與實務案例，田家瑋、林佩儀、…等，電工通訊，2020，June， page 9.

[27]　Li Da Xu, Wu He, and Shancang Li. "Internet of Things in Industries: A Survey", IEEE TRANSACTIONS ON INDUSTRIAL INFORMATICS, VOL. 10, NO. 4, NOVEMBER 2014

[28]　Counter Hack Reloaded: A Step by Step Guide to Computer Attacks and Effective Defenses Author: Skoudis, Tom Liston ; 2006 Publisher: Prentice Hall; ISBN 0131481045

[29]　http://www.garther.com/en/newsroom/press-releases/2008-11-07-gartner-identifiestop-10-strategic-IoT-technologies-and-trends

[30]　Five Layer Software Model Overview, https://microchipdeveloper.com/com4102:five-layersoftware-model-overview

[31]　ISO/IEC 27001 INFORMATION SECURITY MANAGEMENT, https://www.iso.org/isoiec-27001-information-security.html

[32]　何謂 ISMS (Information Security Management System)? http://www.amxecure.com/products-solutions/compliance/isms